KB234457

웨이브 · 스트레이턴드 펌 교육론

류은주 · 오강수 지음

한국학술정보㈜

『웨이브·스트레이턴드 펌 교육론』을 내면서……

'교육이 곧 미래다'라고 할 때 지식이 지배하는 21세기에 생존할 수 있는 방법은 현재사회의 적응과 함께 미래지향적인 인재 육성에 있다. 이는 다의성의 수용으로서 끝없는 도전에 감응할 수 있는 폭넓은 학문의 구조를 요구시킨다. 산업체 역시 변화되는 미래 환경에 쉽게 적응할 수 있고, 새로운 도전에도 물러설 수 없는 투지를 가진 인재가 절실하게 요구된다. 미용학을 포함한 미용술에 관한 교육은 '교과의 구조'를 통해 학습자의 개별적인 교수−학습이 이루어질 때 성취도로써 학습결과를 얻을 수 있다고 본다.

모발미용에서의 미용교육은 '무엇을(교육내용선정), 어떻게(교육방법), 왜(교육목표) 준비해야 하는가'에 대해 명확함은 5장으로 구성되며, 이는 "Wave·Straightened 펌 메커니즘"(이화출판사, 2006)을 재구성에 따른 수정함으로써 학습자 위주의 교과구조로 드러낸다. 두개피 모발을 대상으로 하는 펌 기전(mechanism)은 조형예술을 토대로 디자인적 요소와 원리를 이끌어 낸다. 이는 구체적인 재료인 두발(scalp hair)을 이용함으로써 형상적인 시각 또는 상의 표출인 미(美)로써 머리형태(hairdo)를 구사한다. 작업의 실체를 가진 펌 과정은 미용사인 우리에게 즐거움을 준다. 역사를 바탕으로 한 인물 배경과 화학용제의 발달 그리고 도구가 갖는 표현력이 살아 있는 인체라는 통일감 속에 다양감이 느껴지는 형상디자인으로서 그러하다. 형상표현의 체험이란 기초를 실제로 응용할 수 있는 분석적 틀과 함께 표현구성의 보편적인 원리를 필요로 한다. 조형을 실천하기 위해서는 정교한 손재주뿐만 아니라 기본적으로 지적능력, 즉 해당기술에 대한 이론적 지식을 요구시킨다. 조형이 지식에 근거한 지적행위(知的行爲)로서 인식(認識)과 이론(理論)으로 구별되어질 때,

1장은 디자인의 이해로서 펌의 유동성에서 요구되는 도구의 직경과 베이스섹션의 조절, 스템의 각도 및 감싸거나 마는 기술을 통해 머리모양을 이상적인 머리형으로 유추시켰다.

2장은 펌이 완성되기까지의 웨이브와 용제, 기기 등의 역사를 살펴보았으며,

3장은 반응성화장품으로서의 용제와 모질의 반응과 용제의 주성분과 안전성과 법규제를,

4장은 펌이 웨이브와 스트레이턴드로 분류됨으로써 직모와 축모의 생태·형태를 비교할 수 있었으며, 축모제의 성분과 특성 등을 통해 모발화학의 정교함을 확인할 수 있었다.

5장은 모질과 용제를 이용한 실제 부분으로서 기술이 요구되는 장이다. 웨이브펌은 감거나 감싸는 기술을, 스트레이턴트 펌은 프레싱의 운행기술이 요구된다.

이 책은 미용산업 현장의 직무분석에 의해 펌에 대한 이론적인 원리와 기초를 고양하고자 했다. 즉 펌의 개념 및 역사적인 발전과 인종 특유의 시장을 규명하였다. 이어서 펌용제의 지식문제, 모발생태·

형태에 따른 적용관계, 펌 이론에 대한 실제적인 절차에 따라 유형을 탐색함으로써 구체적인 행동적 발전을 다루었다.

그리고 각 장의 앞에는 교수자와 학습자가 반드시 가르쳐야 하고, 익혀야 하는 개요와 학습목표를 정리해 놓았으며, 각장 끝에는 학습목표에 연계되는 요약과 연습문제 등을 제시해 놓았다.

끝으로 이 책을 준비하는 데 도움을 주신 윤미선 교수님과 판로의 어려움에도 기꺼이 출판을 해주신 한국학술정보(주) 편집부 직원 및 채종준 대표께 고마움을 표한다.

2012년 3월

류은주·오강수 識

03

Reactive Cosmetic Perm Agent

반응성 화장품 펌 용제

04

Curly Hair Reform

축모 교정

05

An Actual State of Perm Molding Design

펌 몰딩 디자인의 실제

Perm Design Process
펌 디자인의 이해

● 개요

미용사의 역할이 '인체 내 두개(頭蓋)를 대상으로 한다' 할 때, 외형적 양식을 가진 두개골모양에서의 평면적 확장은 길이, 너비, 높이, 부피 등을 포함하는 머리모양을 갖는다. 머리는 뇌두개, 안두개, 경추를 포함한 형태로서 두개골이 갖는 공간, 두개피 모발(Scalp Hair, Capillus)이 갖는 선, 두개피부(Head Skin)가 갖는 면에 의해 두발길이의 단차를 수치화시킨다.

따라서 머리모양은 자연체인 얼굴과 두개골이 갖는 영역에서 나아가 두발이 갖는 조형성의 양식(patten)을 통해 머리형태로서의 미적관조를 갖는다. 이러한 펌디자인 과정의 대표적인 논의로는 펌디자인 결정조건과 디자인적 모형이 있고, 디자인을 위한 섹션 및 각도가 있다.

이 장에서는 펌디자인 과정을 예시로 펌디자인 결정의 조건과 디자인의 섹션 및 각도, 두발조형원칙을 살펴본다. 곡선, 각진 또는 완만한, 급격한 웨이브 효과는 도구에 의해 결정된다. 즉 사용되는 도구가 갖는 굵기와 길이는 두개피부에서의 파팅에 따른 베이스폭과 직경인 베이스섹션을 결정시킨다.

> 첫째, '펌 디자인 결정의 조건'에서는 두발조형성의 내용으로서 디자인적 모형, 기술적 실행인 베이스섹션, 모근각도조절에 대해 살펴본다.
> 둘째, '두발조형원칙'에서는 모양다듬기와 스템의 각도와 방향, 말거나 감싸기 기술 등을 살펴본다.
> 셋째, '헤어 세팅'에서는 헤어 파팅, 헤어 웨이빙에 대해 순서대로 살펴봄으로써 미용사의 기술적 활동소재인 인체에서의 고유한 미적 관조나 예술 창작의 관점으로 나아간다.

● 학습목표

1. 펌 디자인 과성이 왜 필요한지 이해해야 한다.
2. 펌 디자인 결정의 조건과 관련된 머리의 모양과 형태를 비자지즘화하여 설명할 수 있다.
3. 디자인 연출을 위한 파팅, 베이스, 섹션, 각도, 위치 등을 두상에 도식화 하여 적용시킨 후 설명할 수 있다.
4. 두발조형원칙에 요구되는 빗질, 스템의 각도와 방향에 의한 웨이브 효과를 설명할 수 있다.
5. 펌과 관련된 헤어 세팅에는 헤어 파팅과 헤어 웨이빙으로 나눌 수 있고, 이에 대해 설명할 수

있다.

● 주요 용어

머리, 비자지즘, 디자인적 모형, 베이스섹션, 베이스위치, 모양다듬기, 스템, 리지의 흐름, 웨이브형
상, 웨이브의 연속성

펌 디자인의 이해

1. 펌 디자인 결정의 조건(A condition of perm design determination)

머리(head)

머리모양의 구조는 뇌두개인 두개골(skull)과 안두개인 얼굴(face), 경추의 목(neck)으로 이루어져 있다. 일반적으로 이들 3부분을 합쳐 '머리(head)'라 칭한다. 두개피부의 부속물인 두개피 모발(scilp hair)은 살아 있는 유기체로서 디자인적 요소와 원리를 갖는다. 이는 기하학적 형태로서 질감이 갖는 부피감, 무게감 등과 색채감을 나타낸다. 머리가 갖는 볼록한 공간(occupied space)인 융기와 오목한 공간(unoccupied space, negative space)은 공간체를 가진 구형을 나타낸다. 볼록한 공간은 두정융기, 후두융기, 측두융기 등 부피 또는 볼륨(volume, mass)을 나타내는 반면 오목한 공간은 융기부분을 연결시켜 주는 함몰(indentation, hollowness)에 따른 유선으로 기하학적인 모양(geometric shape) 또는 머리형태(hairdo)의 근간이 된다.

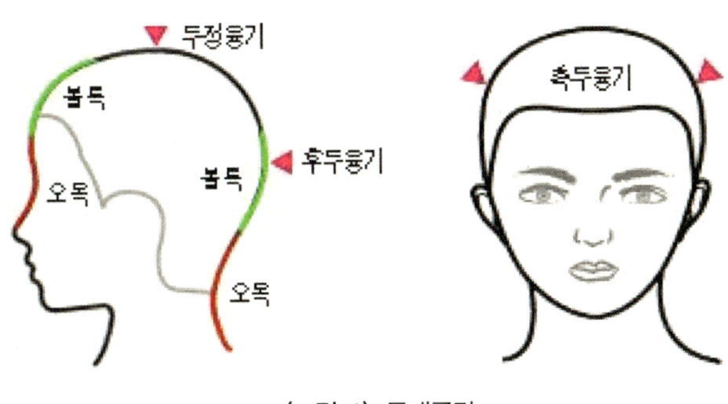

〈그림 1〉 두개공간

비자지즘(Visagsim)

헤어컷의 세 가지 기본형태(form)인 솔리드, 그래쥬에이션, 레이어드는 얼굴형에 의해 고려되어진다. 얼굴형은 두발 경계선이 갖는 얼굴선(face line)과 발제선(hair line)의 흐름에 따라 다양한 모양을 형성시킨다.

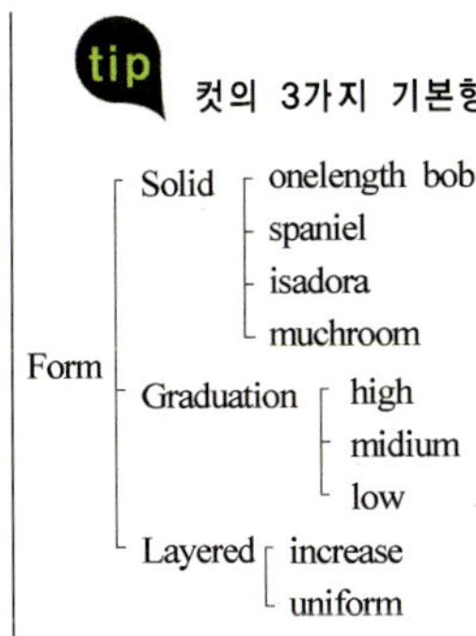

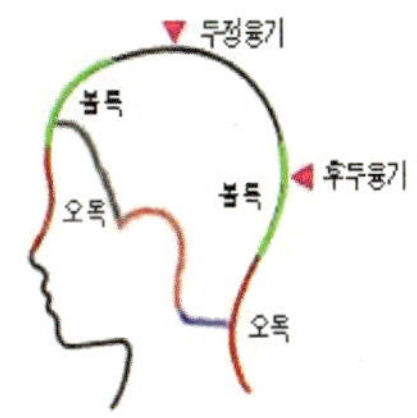

tip 비자지즘 (Visagisim)

화장을 메이크업(make-up)이라고 부르듯이 비자지즘은 디자인적 모형과 동의어로서 얼굴형에 따라 헤어스타일을 연출함으로써 이미지를 만든다는 의미를 갖는다.

따라서 머리형에 의해 보완되는 얼굴형은 두발이 갖는 볼륨 또는 부피의 가·감에 의해 보완된다. 이는 연장선 또는 일정 부피에 있어 강조되는 무게화와 포인트화로서 비자지즘을 통해 디자인적 모형(design molding)이 형성된다.

1-1 디자인적 모형

헤어스타일이 갖는 얼굴 형태는 본래 두발 속에 존재하는 것이 아니라 두발을 잘라 헤어스타일을 연출하기 전까지는 미용사의 관념 속에 존재한다. 또한 머리형태는 감상자의 뇌에서도 존재하므로 감상자 스스로도 상상력을 이용해 미완성의 머리모양을 통해 다양한 스타일을 임의화한다.

구형(球形, spheroid)

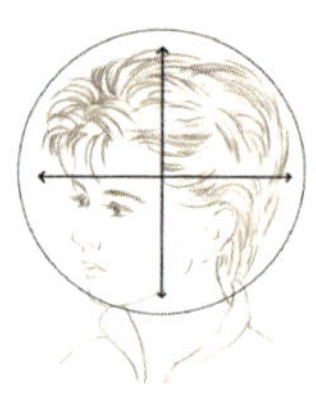

측정중면에서 얼굴을 보았을 때, 두정부 정점에서 턱선 끝에 이르는 얼굴의 길이와 양 측두융기를 향한 얼굴의 너비가 동일할 때 머리모양이 둥글다고 한다.

편구형(扁球形, oblate)

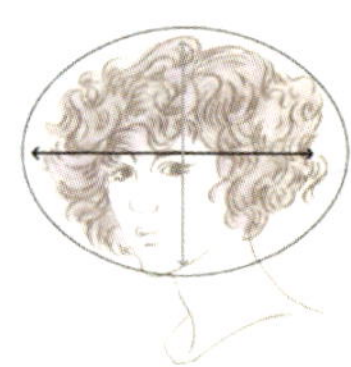

얼굴의 길이보다 얼굴 너비가 더 넓은 머리모양으로서 양빈에서 두발 부피감을 많이 형성시킨다.

장구형(長球形, prolate)

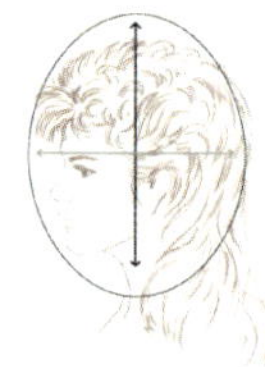

얼굴의 너비보다 얼굴의 길이가 더 긴 머리모양으로서 전발부분 또는 목선 아래 어깨선까지 두발길이가 확장된다. 이때 부피를 위한 볼륨감보다 질감처리가 요구된다.

즉 선천적인 머리모양(head shape)에 가장 이상적인 머리형태(hairdo)가 미용술을 통해 조형화됨을 갖는다.

tip

· **머리모양(head shape)**
생득적으로 타고난 뇌 두개, 안두개 경추가 상 호조합된 모양을 말한다.

· **머리형태(hairdo)**
생득적인 머리모양에 유기체인 두발을 이용. 이상적으로 연출한 스타일을 머리형태라고 한다.

tip 구형

· **장방형 얼굴에서의 디자인 모형**
두정 부분의 부피감을 위해 머리모양은 유니폼 레이어드 헤어컷 또는 하이 그래쥬에이션 헤어컷이 갖는 헤어스타일에 적합한 펌 몰딩 패턴이 요구된다.

tip 편구형

· **장방형 얼굴에서의 디자인 모형**
헤어스타일은 로우 그래쥬에이션과 숏트 솔리드형 헤어컷이 갖는 펌 몰딩에 따른 디자인 패턴이 요구된다.

tip 장구형

· **둥근 또는 각진 얼굴형의 디자인 모형**
헤어스타일은 미디움 솔리드 헤어컷 또는 인크리스트 레이어드 헤어컷이 갖는 펌 몰딩에 따른 디자인 패턴이 요구된다.

2. 디자인의 섹션 및 각도(Section & angle of design)

2-1 베이스섹션(basesection)

도구 및 도구의 종류, 감거나 감싸는 방법에 따라 수평, 수직, 대각 등의 모류방향(stem direction)이 모발의 질감과 유동성을 연출시킨다.

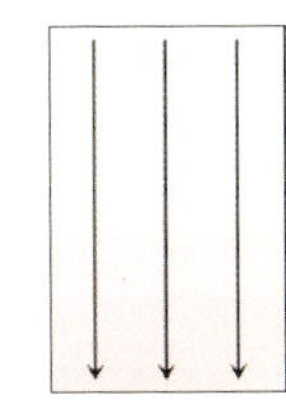

직사각형 베이스(rectangle base)
정중면 또는 측두면 영역의 구획으로서 직사각형 베이스일 경우 사용되는 로드의 폭과 직경이 일치해도 무관하다.

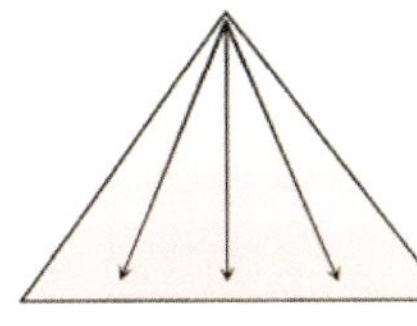

삼각형 베이스(triangle base)
베이스섹션이 삼각형으로서 두부(head) 전체에 위치할 수 있으나 구획과 구획을 연결지을 때 주로 사용된다.

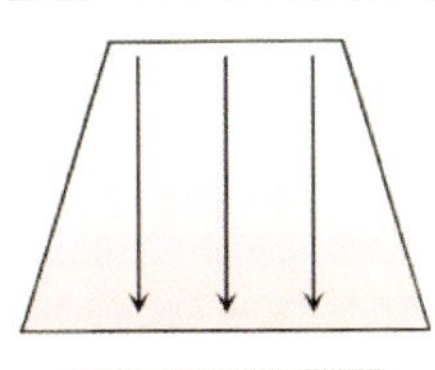

부등변 사각형 베이스(trapezoid base)
전두부와 후두부 또는 측두융기 영역에 응용된다.

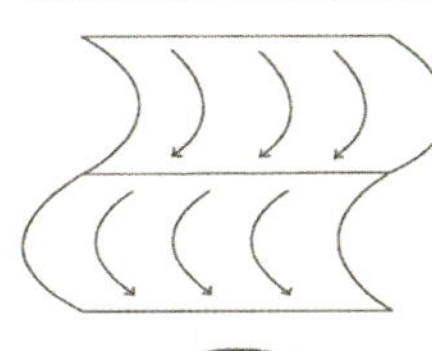

장타원형 베이스(oblong base)
C컬과 CC컬을 교차시킴으로써 웨이브의 형성에 응용된다.

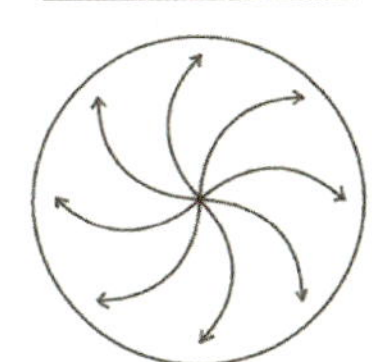

원형 베이스(circle base)
삼각형 베이스와 함께 원형확장 형성에 응용된다. 바깥쪽은 삼각형 베이스가 형성된다.

베이스 크기(base size)

베이스 크기는 사용되어지는 도구의 폭과 직경에 의해 결정된다. 로드 사용을 예로 하였을 경우 1직경 베이스는 펌 패턴의 가장 기본적으로 사용된다.

파팅(parting)

나누다라는 의미이나 커트 시 두개피 내 두발의 관점에서 사용되는 용어이다. 빗으로 가름(part)함으로써 상하 혹은 좌우로 두발이 구분된다.

라인드로잉 (line drawing)

선을 긋다라는 의미이나, 두 개피 내 두개피부 관점에서 사용되는 용어이다.
빗으로 가름 지을 때 두개피부에 선이 형성된다.
이때 선은 수직선, 수평선, 대각선 등으로 그어진다.

베이스섹션 (base section)

두개피부 관점에서 사용되는 커트 시 절차상의 전문용어이다.
두개피부에 행해지는 폭과 직경을 나타낸다.

서브섹션 (subsection)

소구획의 뜻으로서 베이스섹션이 두개피부 관점이라면 서브섹션은 두발의 관점에서 설명된다. 즉 블록으로 다발 지어진 두발을 더 작은 다발로 나누는 자르기 전 과정에 사용되는 전문용어이다.

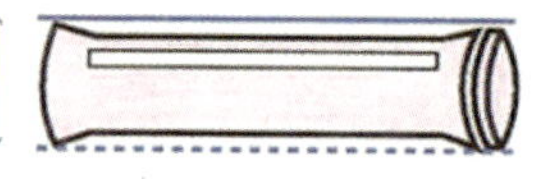

1직경 베이스(one-diameter base size): 로드폭만큼 포함된 로드 직경

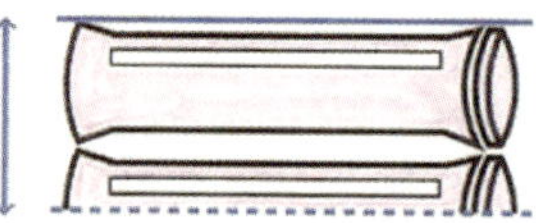

1.5직경 베이스(one and a half diameter base size): 로드폭(1½) + 로드 직경

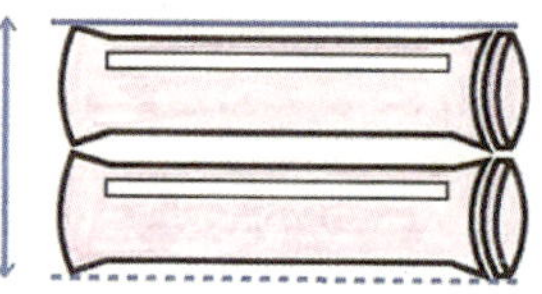

2직경 베이스(two-diameter base size): 로드폭(2배) + 로드 직경

※ 스파이럴식의 래핑(spiral wrapping)을 위해 직사각형과 삼각형 베이스는 로드폭으로 베이스섹션을 측정한다.

2-2 모근 각도 조절(scalp hair base stem control)

로드의 안착 위치 혹은 모다발의 각도는 웨이브의 세기와 모발의 움직임에 영향을 준다.

볼록이 갖는 베이스 위치(forward direction)

ㄱ. 온베이스(on base, stem on the base, 45° above center)

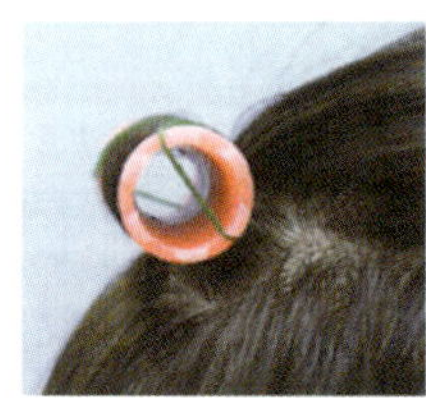

베이스섹션 후 빗질각도는 90° 이상 135° 이하로서 풀 웨이브(full wave)가 형성된다. 베이스섹션 위에 로드가 고정되어 밴드핀닝(band pinning)된다. 강한 웨이브 효과는 물론 볼륨감이 크게 형성된다. 단점은 베이스섹션 자국이 선명이 남는다. 따라서 지그재그 파팅을 한다.

ㄴ. 하프 오프 베이스(stem half-off the base, 45° below center)

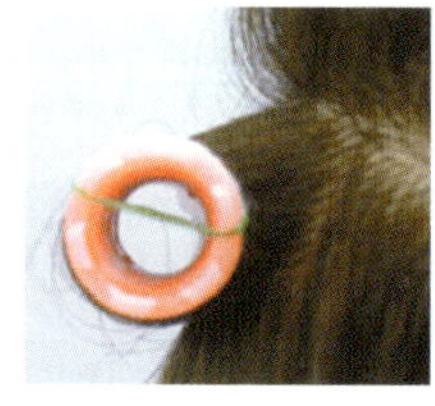

로드폭과 로드직경을 합한 만큼의 길이, 즉 1직경을 물러나 45~90° 시술각의 하프 웨이브(half wave)가 형성된다. 베이스섹션 자국이 없으며 볼륨감은 온 베이스와 오프 베이스의 중간 정도이다.

ㄷ. 오프베이스(off base, stem off the base, 0° below center)

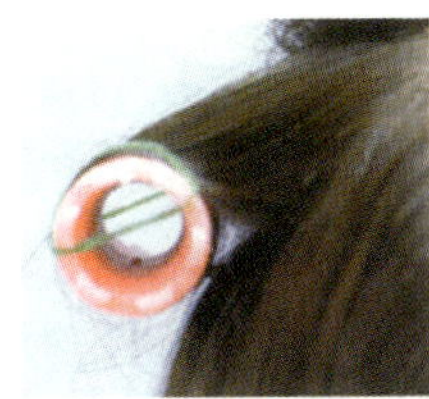

로드폭과 로드직경을 합한 것으로, 즉 1직경을 물러나 0° 시술각의 넌 웨이브(non wave)가 형성된다. 웨이브가 느슨하여 볼륨감이 없다. 후두부 또는 발제선 주변의 베이스섹션에 응용된다.

ㄹ. 언더 디렉티드(under directed stem underdirected)

1.5~2직경으로서 볼륨감이 전혀 없으며 목선 또는 카우릭 영역(cowlick zone)에 사용된다. 볼륨과 웨이브 강도가 약하다.

ㅁ. 오버 디렉티드(over directed stem overdirected)

1.5~2직경으로서 볼륨감 없이 방향감만 형성된다. 모류를 형성시키거나 두발 말리는 방법에도 응용된다. 방향성이나 볼륨은 커지나 웨이브 강도는 약하다.

베이스 컨트롤			베이스 크기	효과
			시술각	
온 베이스 (on base)			1× 베이스 중앙에서 위로 45°	최대의 볼륨 베이스 강도 최대
하프 오프 베이스 (half off base)			1×, 1.5×, 2× 베이스 중앙에서 90°	약한 볼륨 베이스 강도 감소
오프 베이스 (off base)			1×, 1.5×, 2× 베이스 중앙에서 45° 이래	최소한의 볼륨 베이스 강도 최소
오버 디렉티드 (over directed)			1.5×, 2× 상부의 베이스 중앙에서 45°위로	방향, 볼륨과 베이스 강도 감소
언더 디렉티드 (under directed)			1.5×, 2× 베이스 중앙에서 90°	볼륨과 베이스 강도 감소

오목이 갖는 베이스 위치(reverse direction)

오목에 의해 CC컬이 되면 로드의 위치와 크기는 형성된 겉말음이 갖는 빈 공간과 편편한 정도에 영향을 준다.

ㄱ. 온 베이스(on base)

웨이브 강도와 볼륨의 효과는 극대화된다.

ㄴ. 하프 오프 베이스(half off base)

중간 정도의 웨이브 강도를 갖고 있으며, 약간의 움직임을 갖는다.

ㄷ. 오프 베이스(off base)

최소한 웨이브의 강도를 갖고 있으며, 웨이브 움직임은 최대이다.

ㄹ. 언더 디렉티드(underdirected)

중간 정도의 웨이브 강도를 갖고 있으며, 웨이브의 움직임이 강하다.

베이스 컨트롤		베이스 크기	효과
		시술각	
온 베이스 (on base)		1× 베이스 중앙에서 아래로 45°	볼륨 효과의 극대화 웨이브 강도 최대
하프 오프 베이스 (half off base)		1×, 1.5×, 2× 베이스의 아래로 45°	웨이브 강도 감소 웨이브에 약간의 움직임을 가짐.
오프 베이스 (off base)		1×, 1.5×, 2× 베이스의 아래로 90°	웨이브 강도 최소 웨이브의 움직임 증가
언더 디렉티드 (under directed)		1.5×, 2× 아래쪽 베이스의 중앙에서 아래로 45°	중간 정도의 웨이브 강도 웨이브의 움직임이 강함.

3. 두발조형원칙(The principle of hair molding)

빗질(combing)은 두발의 움직임을 정하고 머릿결의 표현인 질감형태를 다양화하는 데 도움을 준다.

3-1 두개피 모발 모양 다듬기(scalp hair shaping)

모다발이 갖는 빗질상태의 결처리인 세이핑(shaping)은 '모양을 만든다'는 의미로서 조형을 토대로 컬 또는 웨이브를 위한 기초기술이다.

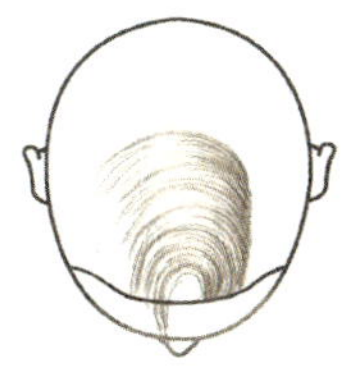
up-shaping

업-쉐이핑(up-shaping)
두개피부 내 두발이 갖는 모근의 각도보다 상향으로 빗질한다.

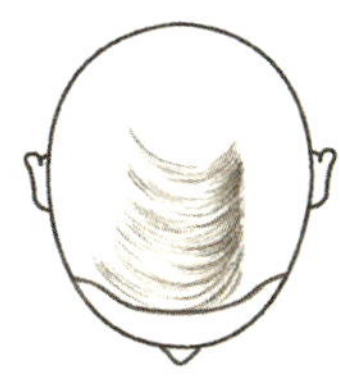
down-shaping

다운-쉐이핑(down-shaping)
두개피부 내 두발이 갖는 모근의 각도보다 하향으로 빗질한다.

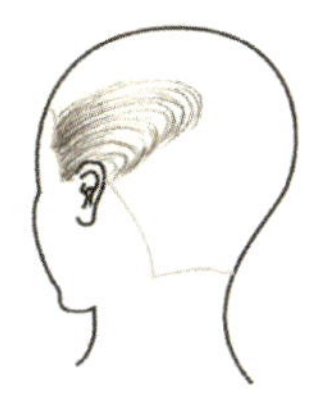
forward
shaping

포워드 쉐이핑(forward shaping)
두개피부 내 모다발의 모양을 안말음 형으로 빗질한다.

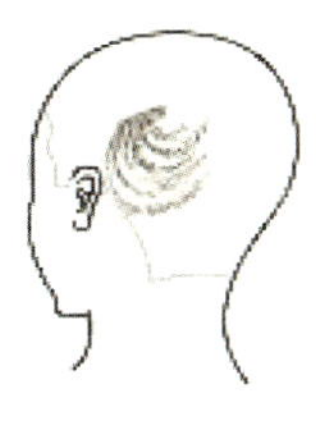
reverse
shaping

리버즈 쉐이핑(reverse shaping)
두개피부 내 모다발의 모양을 겉말음 형으로 빗질한다.

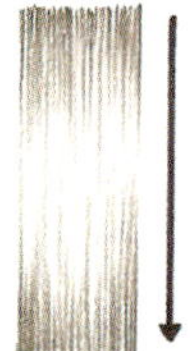

스트레이트 쉐이핑(straight shaping)
두개피부 내 모다발의 모양을 똑바로 빗질한다.

straight
shaping

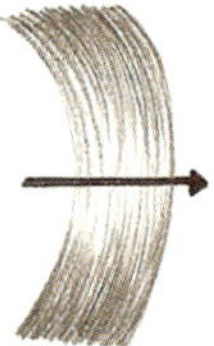

라이트 고잉 쉐이핑(right going shaping)
두개피부 내 모다발의 모양 가운데 오른쪽으로 모아 빗질한다.

right going
shaping

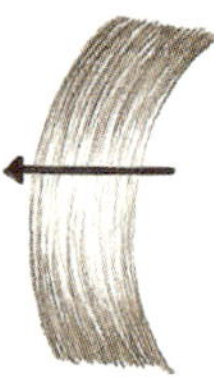

레프트 고잉 쉐이핑(left going shaping)
두개피부 내 모다발의 모양 가운데 왼쪽으로 모아 빗질한다.

left going
shaping

3-2 스템의 각도 및 방향(angle and direction of stem)

스템(stem)은 모다발이 갖는 모발의 흐름인 모류(direction of stem)를 결정한다. 모근의 강·약 움직임과 방향성을 조절한다.

넌 스템(non stem)
감긴(curliness) 모다발이 베이스섹션 위에 안착(anchors)됨으로써 핀닝(pinning)된다. 웨이브 형성력이 강하여 오래 지속되며, 움직임이 가장 적다.

하프 스템(half stem)
감긴 모다발이 베이스섹션 ½ 지점에 걸쳐진 상태로서 넌과 풀 스템 간 중간의 움직임을 갖는다.

풀 스템(full stem)
감긴 모다발이 베이스섹션에서 벗어난 상태로서 웨이브 방향만 제시되며, 움직임은 가장 크게 형성된다.

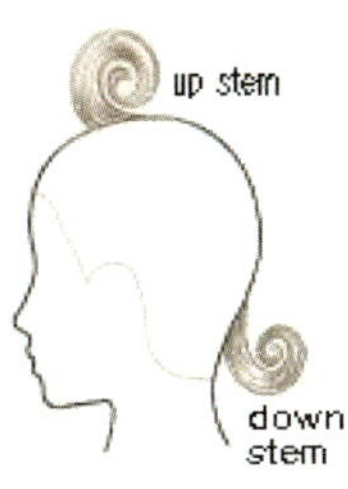

업 스템(up stem)

리버스롤(reverse roll)과 동일한 의미로서 모근을 0°로 빗질한 후 엔드플러프가 모다발의 바깥쪽으로 말리므로 모근에 볼륨이 생기지 않는다.

다운 스템(down stem)

포워드롤(forward roll)과 동일한 의미로서 모근을 90°로 빗질한 후 엔드플러프(end fluff)가 모다발의 안쪽으로 말리므로 모근에 볼륨이 생긴다.

3-3 말거나 감싸기 기술(winding or wrapping techniques)

로테이션 말기 기법(rotation winding techniques)

ㄱ. 크로키놀 와인딩(croquignole winding, overlap winding

모다발 내의 모간 끝에서 모근 쪽으로 향해 말아 간다.

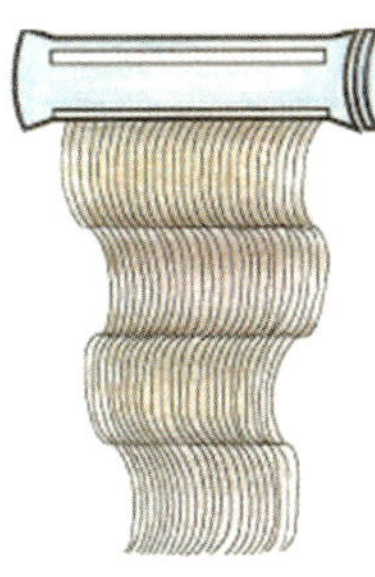  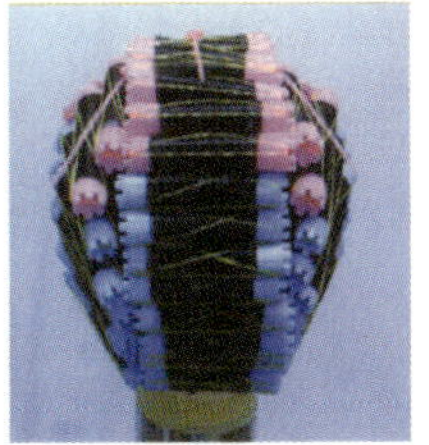

크로키놀 와인딩

ㄴ. 스파이럴 래핑(spiral wrapping)

모다발 내의 모근에서 모간끝 쪽으로 로드를 감싸므로 감아 간다.

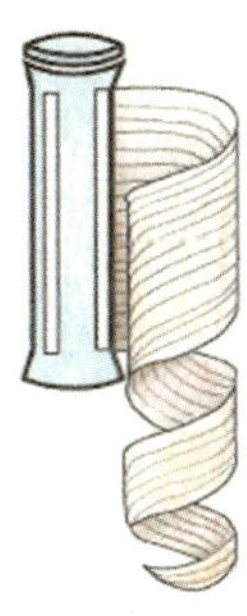  

스파이럴 래핑

컴프레션 기법(compression techniques)

•눌리기, 찝기   •압착기(pressing)

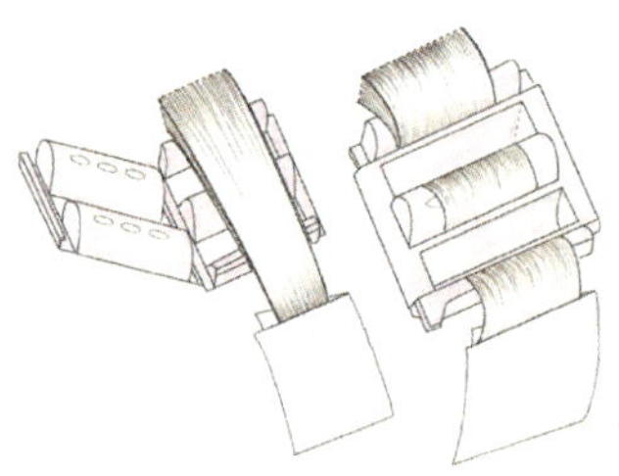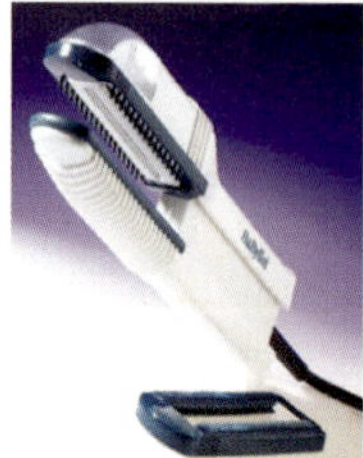

컴프레션 기법

4. 헤어 셋팅(Hair setting)

헤어 셋팅은 오리지널셋의 요소로서 얼굴형, 두발의 흐름, 펌 몰딩 양식이 갖는 패턴에 따라 나누어진다.

1) 헤어 파팅(hair parting)

센터 파트(center part), 사이드 파트(side part), 홀 파트(whorl part), 노 파트 (no part) 등이다.

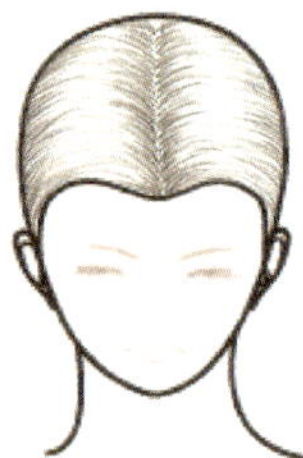

센터 파트

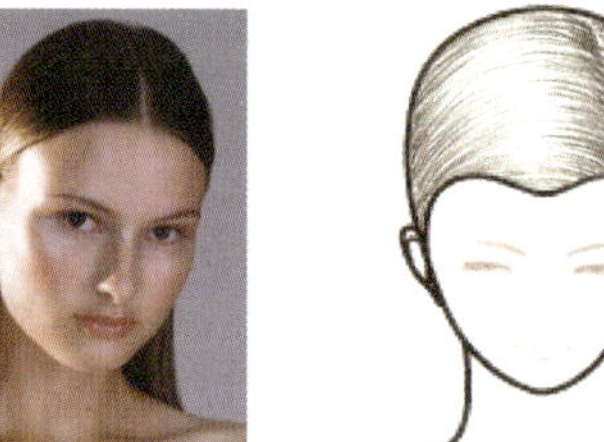

사이드 파트

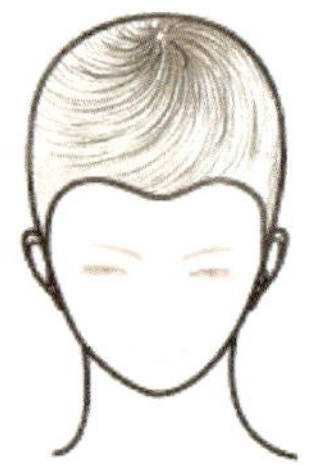

홀 파트

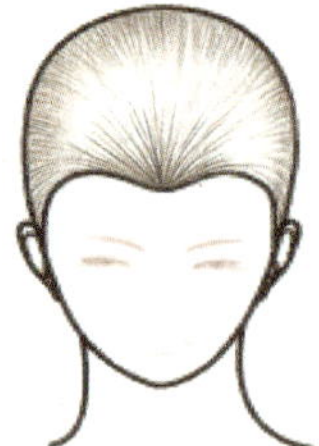

노 파트

오리지널셋(original set)과 마무리 작업인 리셋(reset)으로 구분된다. 오리지널셋은 헤어파팅(hair parting), 헤어세이핑(hair shaping), 헤어컬링(hair curling), 헤어롤링(hair rolling), 헤어웨이빙(hair waving) 등을 일컬으며 리셋은 빗으로 머리형을 잡기 위해 마무리하는 콤아웃(combout)과 브러시로 머리형을 잡기 위해 마무리하는 브러시아웃(brushout), 두개골 확장을 위해 두발을 부풀리는 작업인 백콤(back comb) 처리 과정 등이 있다.

2) 헤어 웨이빙(hair waving)

헤어 세팅에서는 두발을 웨이브 상으로 형성시키는 과정을 헤어 웨이빙이라 한다. 웨이브를 만드는 도구에 따라 핑거 웨이브(finger wave), 컬리아이론 웨이브(curly iron wave), 핀컬 웨이브(pincurl wave) 등으로 분류한다. 이 장에서는 헤어 웨이빙의 기초를 살펴보고자 한다.

웨이브의 명칭

ㄱ. 시작점(beginning point)　ㄴ. 끝점(ending point)　ㄷ. S웨이브(full wave)
ㄹ. C웨이브(half wave)　ㅁ. 골(trough)　ㅂ. 정상(crest)　ㅅ. 리지(ridge)
ㅇ. 열린끝(open end, concave)　ㅈ. 닫힌끝(colsed end, convex)

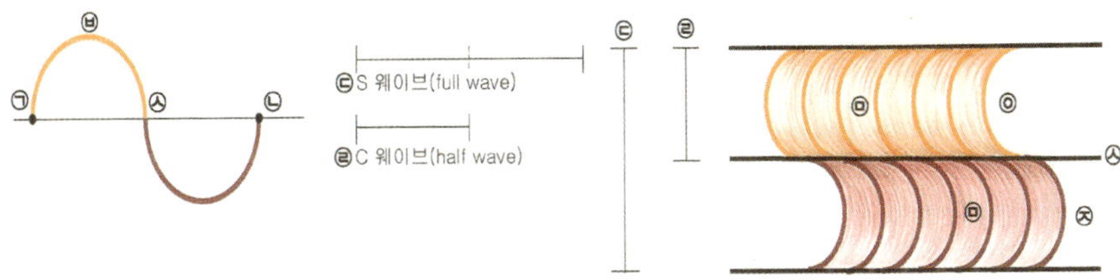

〈그림 2〉 웨이브의 명칭

리지(ridge)의 흐름

수직 웨이브(vertical wave)
정상과 골이 급경사를 이루며, 리지가 수직선을 가지며 웨이브 폭이 좁게 드러난다.

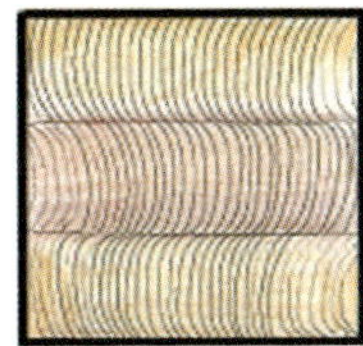

수평 웨이브(horizontal wave)
정상과 골이 아주 희미하게 형성됨으로써 리지가 수평선을 갖으며 웨이브 폭이 느슨히디.

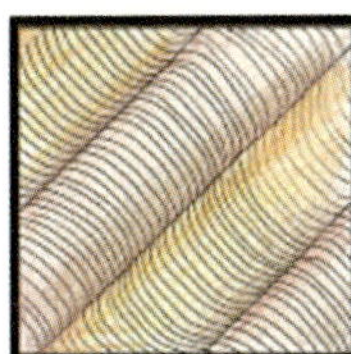

사선 웨이브(diagonal wave)
정상과 골이 경사를 지으며 리지가 사선으로 형성되며, 또렷한 웨이브 폭이 형성된다.

웨이브의 형상

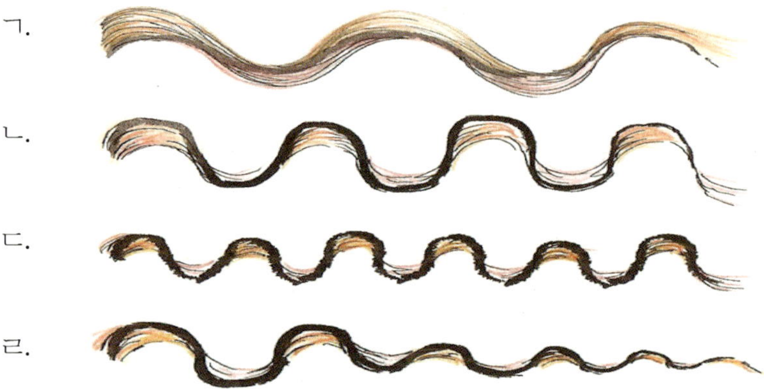

ㄱ. 새도우 웨이브(shadow wave): 정상과 골의 고저가 뚜렷하지 못하여 희미한 웨이브 형상을 나타낸다.

ㄴ. 와이드 웨이브(wide wave): 정상과 골의 고저가 뚜렷하여 넓은 웨이브 형상을 나타낸다.

ㄷ. 네로우 웨이브(narrow wave): 웨이브 폭이 좁고 급경사의 웨이브 형상을 나타낸다.

ㄹ. 프리즈 웨이브(frizz wave): 모다발 내 모근 부분이 느슨하고 모간 끝은 웨이브 형상이 강하게 나타난다.

웨이브의 연속성

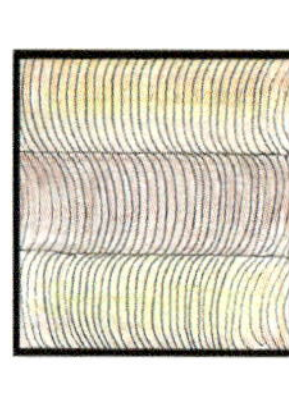

익스텐드 웨이브(extended wave)
핑거 웨이브 일반형으로 웨이브가 계속 연결됨으로써 이어진다. 핑거 웨이브는 방향이 다른 C의 커브로서 설명이 되며 반원에 가까운 빗질모양(shaping)을 함으로써 리지가 형성된다. 핀컬 웨이브 보다 빠른 속도로 웨이브를 형성할 수 있으며 유연성은 우수하다. 그러나 탄력성은 다소 떨어진다.

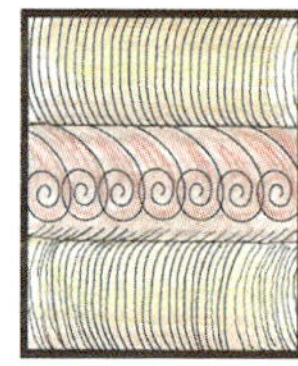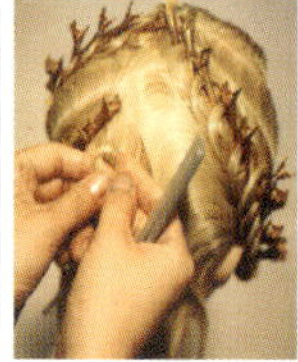

스킵 웨이브(skip wave)
핀컬과 웨이브가 한 단씩 교차됨으로써 폭이 넓고 부드러운 웨이브를 만드는 데 적합하다. 이때 핀컬은 핀컬끼리 웨이브는 웨이브끼리 방향이 같다. 핀컬은 스컬프춰(sculpture)의 플랫컬(flat curl)이 가장 적합하다.

 **핑거웨이브**

웨이브와 리지선을 형성시키기 위해서는 하프 웨이브(half wave)의 시계방향인 C컬과 반시계 방향인 CC컬이 교차됨으로써 나타난다. 이때 C와 CC가 합치면 S로서 웨이브, 즉 풀 웨이브(full wave)가 된다.

 **스컬프춰컬**
(sculpture curl)
두발 끝이 컬의 중심이 된 컬로 릿지가 높고 트로프가 낮은 웨이브

리지 컬(ridge curl)

리지에 연이어 만든 컬로 릿지와 컬의 열 사이 간격에
의해서 웨이브 폭이 정해지며 웨이브 깊이와 부드러움
을 한층 더해 주는 효과가 있다.

● 요약

1. 머리(head)는 뇌두개인 두개골과 안두개인 얼굴, 경추의 목으로써 구성되어 있다.
생득적인 머리모양은 헤어컷과 헤어펌 등을 통해 이상적인 머리형태(hairdo)로의 비자지즘화된다.
이는 구형, 편구형, 장구형 등 3가지 디자인적 모형으로서 두개피모발(capillus)을 통해 형태, 질감, 컬
러를 연출하기 때문이다.

2. 디자인 연출을 위한 펌도구 직경에 요구되는 베이스섹션과 베이스크기, 베이스위치, 모류방향과
질감에 따른 유동성을 나타낸다. 온 베이스는 볼륨감이 가장 크며, 하프 오프 베이스는 중간 정도의
웨이브 강도와 약간의 움직임을, 오프베이스는 최소한의 강도와 움직임은 최대이다. 언더와 오버딕렉
티드스템은 1.5~2직경을 베이스 크기를 갖고 있으나 베이스위치에서는 볼록과 오목으로 구분됨으로
써 웨이브 강도와 움직임은 달라진다.

3. 베이스 조절은 볼륨이 갖는 C컬이나 오목이 갖는 CC컬의 모양에 영향을 미친다. 모다발 내 모근
이 갖는 베이스는 하나의 직선적인 사각형 모양을 갖는다. 베이스의 크기는 로드 폭과 직경에 의해
결정되듯 두개피부에서의 시술각(projection)은 로드 안착(anchor)으로서 베이스 위치에 직접적인 영향
을 준다. 그 결과 활동성의 볼륨이나 비활동성의 오목이 갖는 빈 공간(indentation) 효과가 형성된다.
즉 모다발이 갖는 베이스에 따라 도구의 안착 위치는 모근(base strength)에 따른 볼륨에 의한 부피감
과 볼륨(lift)에 의한 모근 각도에 영향을 준다.

4. 두발에 대한 조형의 가장 기초는 빗질로써 방향과 각도를 결정한 후 말거나 감싸기 기술에 접목
된다.

5. 헤어 세팅은 오리지널셋과 리셋으로 구분되나 기초헤어펌에서는 헤어 웨이빙 부분과 오리지널
셋으로서 몰딩과정만 다루어진다.

1. 머리(head)가 구형체 임과 명칭에 대해 설명하시오.

2. 디자인적 모형을 헤어컷의 세 가지 기본 형(form)에 연결하여 설명하시오.

3. 베이스섹션 5가지를 두상영역에 연결 지어 작성하시오.

4. 베이스 크기는 무엇에 의해 결정되는지와 3가지 베이스를 설명하시오.

5. 모근이 갖는 베이스의 위치는 무엇에 의해 조절되며, 볼록과 오목으로 나누어 비교하시오.

6. 모양다듬기는 빗질과 동의어로서 7가지 빗질에 따라 말거나 감싸는 기술을 적용하여 설명하시오.

7. 5가지 스템의 각도와 방향에 대해 설명하시오.

8. 헤어 웨이빙의 명칭에 대해 구조화하여 설명하시오.

9. 리지(ridge)의 정상과 골에 따른 흐름을 분류하시오.

10. 웨이브의 형상 4가지를 도식화하여 설명하시오.

11. 웨이브의 연속성을 3가지로 분류하여 설명하시오.

Chapter 02

The History of Permanent Perm
펌의 역사

● 개요

앞 장에서 살펴본 펌 디자인 과정이 선천적인 두상조건에 따라 디자인 결정에 따른 연출과정이라고 한다면, 이장에서는 인류창세기부터 '멋지고자 하는 마음'은 살아 숨 쉬는 현재의 인간과 직접 만나는 문화적 행위뿐만 아니라 조형과 예술이 만나는 지점에서 역사와 용제 등이 관여되는 펌이 있다. 이는 교육과정 중 '왜' 가르칠 것인가에 대한 정당화 논리에 대한 구성, 분석, 비판, 재구성을 갖는다. 따라서 이 장에서는

첫째, 펌이 등장하게 된 역사적 맥락과 미용사, 미용화학자의 현실적 배경 등을 살펴보고

둘째, 웨이브의 역사가 용제의 역사와 동시대적임과 함께

셋째, 스트레이트 펌은 웨이브된(permed) 스타일을 직모로 펴는 역할과 본래 곱슬두발을 직모로 펴는 두 가지 행위를 살펴볼 수 있다.

넷째, 스파이럴식인 전열펌과 크로키놀식인 머신리스나 콜드펌과 함께 프레싱기기를 이용한 스트레이턴드 펌의 용제, 기술, 화학자 등을 심층적으로 살펴본다.

● 학습목표

1. 일시적 웨이브와 마셀과 이·미용사의 기술적 분류를 설명할 수 있다.
2. 영구적 웨이브와 네슬러, 스피크만에 대해 설명할 수 있다.
3. 전열펌, 콜드펌, 스트레이턴드 펌 등을 화학자와 함께 용제를 설명할 수 있다.

● 주요 용어

마셀웨이브, 네슬러, 샹들리에, 스피크만, 전열펌, 콜드펌, 스트레이턴드펌, 아프로케리비안, 싸이오글리콜산, 수산화나트륨

펌의 역사

1. 일시적 웨이브 형성의 역사(The history of formation of temporary wave)

　　그라또우는 두상의 한쪽 면이 직모상이며 다른 쪽 면은 권축상(climp phase)인 두발 손질이 힘든 어머니의 불균형한 반두 두발(half head hair)을 정돈시키기 위해 한쪽 면의 축모를 대칭적으로 모방하려는 시도에서 비롯된 마셀웨이브를 만들었다. 이는 미용사 직업을 말해 주는 기술의 대명사가 되었다. 1930년대 후반까지 성행했던 마셀웨이브는 두발 성질과 두개골 구조에 대한 모발 조형 예술 디자인에 대한 감(feeling)을 갖게 하는 기본 훈련 과정이 요구되는 기술이다. 미용술이 갖는 'art'란 단어의 사용은 마셀웨이브가 여성을 위주로 하는 여성전용 미용실(hair dresser)과 남성전용 이발소(barber)를 구분 짓게 하였다. 긴 두발에 시술되는 마셀웨이브 처리는 기술 우위를 가리기 위한 실습 종목 과정으로 구분되는 시발점이 되었다. 따라서 마셀웨이브 기술에 대한 시행에 있어서 미적으로 완성시키지 못하거나, 감각적이지 못한 개업자는 정확한 미적 판단을 가지지 못한 속물로 취급받았다.

마셀 그라또우

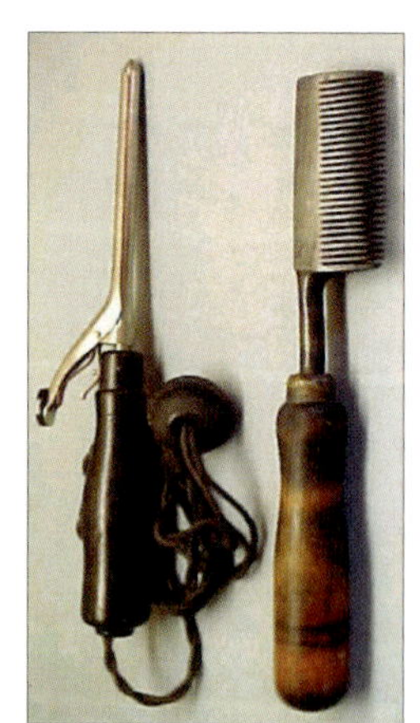

마셀 아이론

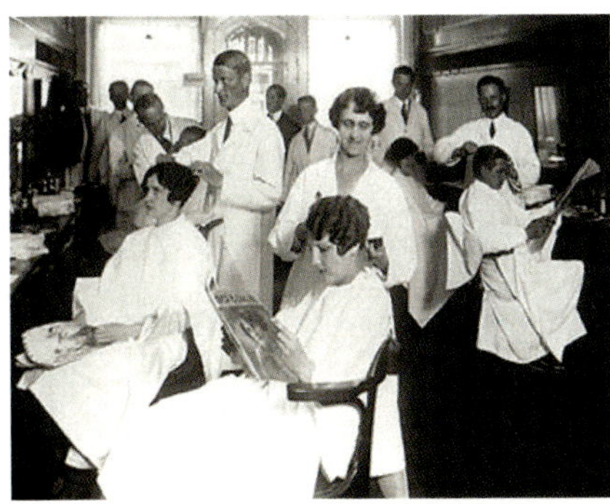

<그림 3> 1920년대 미용실과 이발소

마셀웨이브의 뒷이야기

① 마셀 웨이브는 마셀 그라또우(Marcel Grateau)에 의해 고안된 모발 조형 디자인이다. 이는 고객 두발이 set되기 위한 시간뿐만 아니라 미용사의 난해한 기술에 혁신을 가져다준 전문 미용업이었다. 머리형에 있어서 컬(curls)이나 고수 형태인 링렛(ringlets) 스타일을 본발(本髮) 그 자체를 드러내는 조형술로서 컬리 아이론 기구가 사용된다.

② 런던으로 초빙된 1908년 '마셀축제'에 광고된 45분간의 세미나 시범은 마셀이 런던 시민을 위한 그의 기술을 시범 보였던 세기 최초의 행사로서 대단한 이목을 끌었다. 마셀은 행사장에서 마셀 웨이브 시술을 위해 가스버너에서 형성되는 열을 이용 컬리 아이론을 달군 뒤 잘 정돈된 모델 두발에 C컬과 CC컬의 시술방법을 이용하여 10~20분 동안 S컬인 풀 웨이브 스타일을 완성시켰다. 머리모양이 완성된 모델을 동반하여 준비된 야간 무도장으로 들어갔다. 고객의 박수 아래 그 유명한 사건의 영예는 계속 지속되었다. 게다가 부유하고 사회적으로 저명한 여성 고객들이 마셀웨이브 서비스를 받기 위해 병원 외래환자나 극장의 첫 공연을 보려는 사람들처럼 자기의 '차례'를 기다리기 위한 행렬은 물론 자리에서 우선권을 가지려는 고객들이 많았다.

③ 마셀 도구를 이용한 일시적 웨이브 시술은 1960년대 비달사순(Vidal Sassoon)에 의한 헤어컷이 유행되는 시점까지도 미용술을 배우는 학생들에게 미용기술의 기초과목으로 교육되어지고 있었다. 학생들은 마네킹 모형이나 속이 꽉 채워진 모자에 단단히 고정된 씨실이나 집에서 긴 의자의 한쪽에 고정된 씨실을 가지고 위그 대신 연습을 하였다. 마셀웨이브 기법 자체가 제대로 숙련되지 못한 견습생은 눈에 쉽게 드리났다.

④ 우리나라에서도 1960년에서 1970년대 후반까지 이러한 현상들이 '마살'이라는 미용실 상호의 등장을 통해 나타났다.
1980년대 이전까지 헤어드라이어(hair dryer) 도구의 보급에 따른 헤어 블로우 드라이 스타일링이 유행되기 전 1980년대 초반까지 미용전문학원 또는 '미용사자격시험'으로서 인체에 직접 시술하는 시험 과목으로 선정되어 있었다.

마셀 웨이브

2. 영구적 펌의 역사(The history of permanent wave)

　일시적 웨이브가 문헌에 등장한 것은 1872년 프랑스 파리에서 마셀에 의한 마셀 아이론이 개발된 시기부터였다. 마셀 아이론으로 얻어진 웨이브는 샴푸하거나 습기에 노출되면 웨이브가 늘어나 버림으로써 지속성을 갖지 못하였다. 1872년 독일의 Todtnau에서 태어난 칼 루드비히 네슬러(Karl Ludwig Nessler)에 의해 창안된 최초 실제적인 미용실 펌이 이루어졌다.

칼 루드비히 네슬러

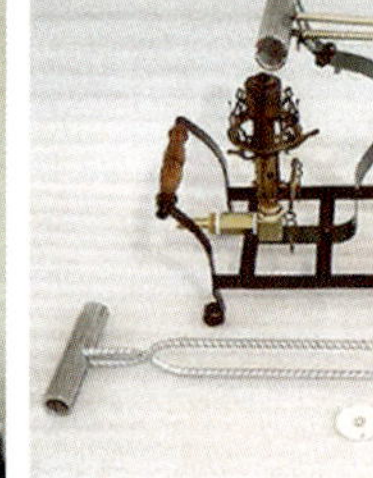

네슬러의 펌 도구

네슬러의 미용실

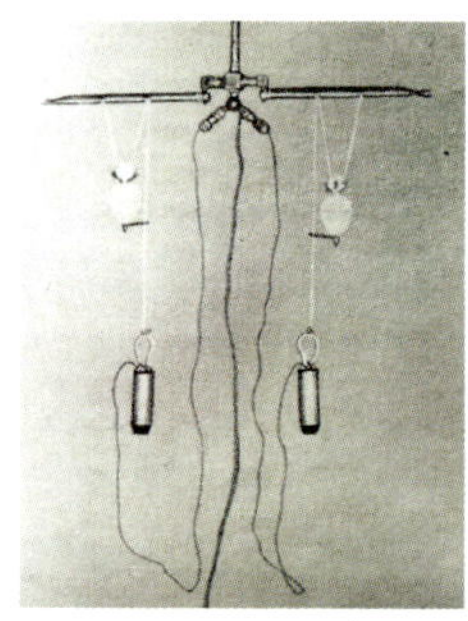

샹들리에 식의 전기히터

　1901년 네슬러는 런던의 레스터 광장에 있는 미용실에 고용되어 일하던 중, 고객 한 명에게 마셀웨이빙 대신 자신의 발명품인 영구 웨이브를 시도하려던 것이 발각되어 해고를 당하기도 했다. 이러한 좌절에도 불구하고 1902년 네슬러는 그레이트 캐슬(Great Castle)가에 자신의 런던 미용실을 개업하였다. 이곳에서 샹들리에처럼 천장에 매달려 있는 거대한 전기기계에 의해 영구한 웨이브를 적용시킨 머리형을 정기적으로 만들어 냈다. 영구웨이브 형성을 위해 샹들리에 기구 사용 시 두발은 화학약품으로 덮여지게 되었다. 붕사 튜브로 덮인 컬러(curlers)에 의해 말아 올려진 다음 전류 발생과정을 통해 열이 두발에 가해졌다.

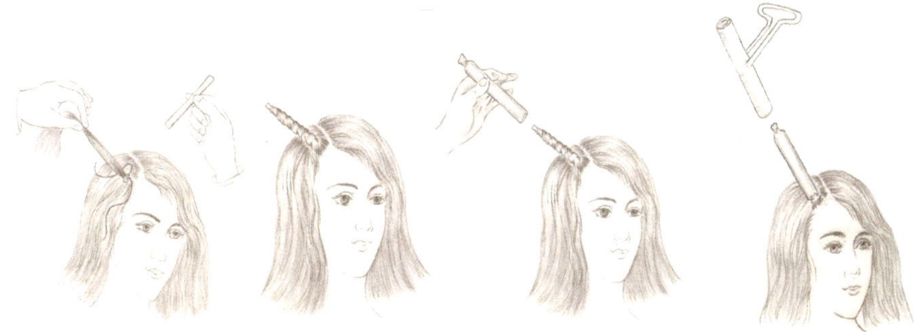

〈그림 4〉 네슬러의 펌 방법

네슬러 펌의 뒷이야기

최초의 네슬러 펌은 고객이 두부 전체를 영구히 곱슬거림으로써 미적인 모습에 보탬이 된다면 세 단계 혹은 네 단계 이상의 시술과정이 덧붙여져 시술 시간이 10시간 정도 걸릴 수도 있기 때문에 펌 시술은 하나의 인내와 끈기 실험과도 같은 것으로서 평가되었다.

이집트 시대의 조각상

그리스 시대의 조각상

- 독일인 찰스 네슬러는 일시적 마셀 웨이브를 영구 지속시키기 위한 연구를 시작했다. 네슬러는 처음에 그의 지방 마을 한 이발소의 도제로 있었다. 그러다가 스위스로 옮겨온 후에 미용업으로 전환하였다. 이때부터 그는 찰스 네슬러(Charles Nestle)라는 영국식 이름으로 개명한 후 영구 웨이브를 개발하기 위해 다양한 도구나 기구 장치를 통해 두발에 대한 시험을 시도했다.
- 웨이브된 두발이 습기에 있더라도 늘어나지 않는 영구 웨이브를 1905년에 '네슬러 웨이브'라는 명칭으로 발표했다. 세계최초 '퍼머넌트 헤어 웨이브'의 방법이 개발되었다. 당시의 유럽 미용사들은 마셀아이론에 의한 웨이브만으로도 큰 만족을 가졌기 때문에 '네슬러 펌'을 시술하면 손님은 미용실에 잘 오지 않는다고 생각했다. 따라 1905~1909년에 행해진 유럽에서의 '영구 펌에 대한 세미나'는 반대에 부딪쳤다.
- 1909년 정기간행 미용 잡지는 "여성의 모발이 석면에 싸여있고 두부(head)는 석면에 쌓여진 모다발의 무게를 받지 않도록 선반받이에 매달려 있는, 샹들리에 식의 전기히터로 10분간 열을 가할 수 있도록 고안되었다"는 기사를 실었다. 퍼머넌트 헤어 웨이브에 대한 새로운 과정의 기술로서 각각의 번호가 매겨진 히터들은 8개 초만큼의 빛을 내는 램프로 웨이브를 형성시키기 위해 전기가 사용되었다. 이중으로 된 갈색종이는 두부로부터의 열을 차단하기 위해 두부 가까이에 놓이고 풀무를 가지고 있는 한 보조자가 시술을 도움으로써 작업이 이루어진다. 두발은 곱슬곱슬함(frizziness)을 갖기 위해 감겨진 채 건조시키는 작업과 동시에 '영구 웨이브'가 형성된다. 이러한 화학 용액과 함께 200℃ 이상 가열되는 사항에서 웨이브 형성 과정이 이루어졌기 때문에 인체 상해 발생이 자주 일어났다. 발생 가능한 불운을 방지하기 위해 펠드로 만든 넉선류기 같은 안전 품목이 전열컬러와 고객의 두발 사이에 전략적으로 설치되었다. 그렇지만 전자기를 띤 컬러가 그것의 합성수지 베이클이트를 녹이면서 자주 과열이 되어 일부 여성들은 녹은 플라스틱을 두개피에 뒤집어쓰는 고통스런 모욕을 당하기도 했다.
- 전기충격 또한 자주 발생되었으므로, 1931년 미용작가인 폰(Foan)은 만일 감전을 당했을 때 사용해야 할 긴급 조치에 대한 주의사항을 미용사들에게 설명했다. 감전된 환자에 대해 설명은 부연됨을 살펴볼 수 있다. '환자를 따뜻하게 하고 머리를 낮게 하며, 매 몇 분마다 따뜻하고 농도가 낮은 물에 탄 브랜디를 한 번에 약 찻숟갈 하나 정도로 공급해 주어야 한다'고 말했다. 비록 고객이 가까스로 이런 위험을 피했다 할지라도 경험이 부족한 미용사들은 미숙련된 시술로 인해 두발은 건조하고, 부서지고, 끊어지기 쉬웠다. 지나친 파상모 형태를 만듦으로 인해 고객은 조롱을 피하기 위한 방법으로 스카프를 써서 과도한 파상 두발을 감추고 다니기도 했었다.

기원전 3,000년경 이집트 나일강 유역의 진흙을 두발에 바르고 나뭇가지 등으로 막대기에 둥글게 감은 상태로 태양에 건조시켰다. 즉 인공적인 컬을 만들었다. 그 당시 알칼리성인 흙을 이용하여 신체에 팩을 했던 물질이 우연적인 화학반응으로서 열과 알칼리가 두발에 적용됨에 의해 컬을 형성시킨 것으로 추측된다. 이집트 시대에 이어 로마·그리스 시대 퍼머넌트 웨이브는 불에 달군 쇠막대로 컬을 만들었다고 기술이 되었으나 그 후에 관한 것은 기록되어 있지 않다.

• 1930년대부터 이런 다양한 결과들에 대한 방안으로 인해 고안된 세트 로션은 고객들에게 널리 사용되었다. 보통 알칼리와 붕사 또는 대체로 약간의 화학적인 냄새를 감추기 위해 향을 탄 물인 화주(spirit)에 젤라틴 물질을 넣어 만드는 고화합물들은 펌 시술 전후에 두발에 수분을 보완해 주기 위해 사용했다. 일부 여성들은 가정에서 거품을 낸 달걀과 물로 자신의 두발 처치를 위한 세팅로션을 만들었으며 가끔은 올리브유를 그들의 두발에 직접 바르기도 했다.

• 미용사들은 영구 웨이브를 만들기 위해 시술 상으로도 많은 조심을 했었지만 고객에 따라서는 불행히도 약간의 돈과 숱이 감소된 두발, 그리고 잘못 조형된 머리모양을 간직한 채 미용실을 나오는 여성들이 항상 있었다. 또한 네슬러 펌은 힘든 작업이 수반되고 웨이브를 만들어 낼 수 있는 미용실이 극히 드물어 비용이 매우 많이 들었다. 이런 점에도 불구하고 펌은 몇 개월 이상 모양이 유지 지속됨으로써 샴푸 후에도 별 이상이 없이 곧바로 되살아나는 웨이브를 원하는 여성들에게는 아주 기적적인 것이었다.

• 이와 같이 펌에 대한 인기는 창조된 새로운 유행을 리드하는 머리모양이 되어 돈을 벌기를 원하는 미용사들에게 또 다른 서비스 종목이 되었다.

3. 웨이브 펌의 역사(The history of wave perm)

펌은 펌 용제의 역사와 함께 시작된다. 성공적으로 특허를 받게 된 최초의 단일용액 콜드 웨이브 용제는 1936년 웨이브 형태를 만들기 위해 사용되는 외부 금속 기구를 제거함으로써 훨씬 더 간편한 방법을 제공한 리도대학의 스피크만(J. B. Speakman) 교수에 의해 발전을 하게 되었다. 하지만 이 제품이 실용화되었던 것은 2차 세계전쟁 직후 필수 화학제품이 수요를 충당할 때쯤 생산 제조될 수 있었다.

• 1930년경 미국 록펠러 연구소에서 발표한 내용에는 두발 조직에 약한 염기성 용액을 사용함으로써 일반적 실온에서도 쉽게 두발구조를 변화시킬 수 있다는 '콜드 펌'이 개발되었다.

• 1950~1955년경까지 미용계에서 애용되고 있던 '샹델리아' 형태인 세팅 기계는 개량되어졌다. 이는 알칼리와 열을 이용하여 두발 케라틴이 갖는 시스틴 결합을 절단한 것이지만, 물리적으로는 고열이기 때문에 단백질 열변성을 일으켰다. 이로 인해 두발 인장 강도가 감소되는 것과 함께 감촉에서의 거칠음과 푸석해지는 손상도를 갖는다. 그러나 이러한 이론은 20세기 모발조형 디자인에 있어서 기

술적인 중대한 발전을 가져온 것 중 하나이다.

상델리아식 세팅펌

영구웨이브

토니 펌

•1950년대가 지나면서 가정에서의 펌은 좀 더 복잡해지고 더욱더 일반화되었다. 미국 토니 질렛트(Toni-Gillette) 회사의 가정용 펌제인 '토니 펌'에 대한 콘스탄스 무어(Constance Moore)와 같은 미용작가는 다음과 같이 말했다. 가정에서의 펌은 '근로 계층 문화 안에서 오히려 약간 악착스러운 사람의 이미지 보존을 정착시켰지만 그 펌 시장을 독점하기 시작했다'고 했다. 정말로 좋아했던 활동적인 여성은 미용실에 갔다. 그들은 시간은 돈이며 누가 원했던 간에 가장 최고 수준의 모습을 원할 수 있는 사람만이 비즈니스 여성이 될 수 있다고 생각하였다.

과도한 축모

•1960년대 이래 아프로 캐리비안(Afro-Caribean) 축모를 가진 준 왓슨(June Watson)은 CJ's 미용실에서 다음과 같이 묘사했다. "우리는 두발이 갖는 강도와 두개골 표피에 있는 두개피부가 벗겨지거나 작은 구멍이 있는지 살핀다. 왜냐하면 두발을 펴 주는 요소인 수산화나트륨(NaOH)으로부터 두발이 타지 않게 하기 위해 두개골 표피에 윤활유나 크림을 발라 줘야 힌다. 두빌을 반듯하게 펴서 직모(straightened hair)로 하려는 모습은 1960년대 후반에 미국사회에 만연된 인종 특유(ethnic hair care)의 펌 효과였다.

•1990년대 중반에서 여성의 머리형태가 지배되는 다른 하나의 보기가 깨졌다. 오스트레일리아의 가수이자 오페라 스타인 카일리 미노그(Kylie Minogue, 1968~)에 의해서 길고 헝클어진 펌이 대중화됨이 이를 증명한다.

용제는 1930년대에 단발 머리형보다 더 다루기 쉬워진 쇼트 머리형과 함께 사용되었을 때 밥 스타일에 형성되는 펌은 미용업계에 활기를 띠게 하였다. 이 펌 기술은 이 시대에서의 유명 미용사인 안토니(Antoine)의 조각된 컬 기법에 따른 새로운 펌 기법으로서 여성들에게 이용되어 졌다. 밥 스타일에 있어서 유행되는 다양성들은 1932년 두발을 짧게 잘라 이마 쪽으로 눕힌 윈드블로운(Windblown)이나 귀엽고 천진한 사람이란 뜻의 거룹(Cherub), 밧줄 구멍의 크링글(Cringle) 그리고 성모 마리아 마돈나(Madonna) 같은 많은 상기되는 이름을 가지고 있었다. 그들은 1920년대의 스타일과는 다르게 두개 앞쪽은 물론 두개 뒷부분까지 두개골 전체에 웨이브 펌을 했다. 깔끔하고 말쑥한 모습을 요구했던 새로운 펌 기법은 특히 스포츠와 건강 그리고 운동에 더욱 흥미를 가지게 되었던 여성들에게는 '이발술과의 혼돈'을

윈드 블로운

방지하면서 안면으로 흘러내리는 자연스런 모류방향에 있어서 감당하기 힘든 두발을 길들이는 유행 기법을 가진 근대적인 시술방법으로 여겨졌다.

당시 잡지나 미용서적에서는 웨이브 펌 스타일을 한 여성들의 단정치 못한 머리형에 대해 지적하였다. 1935년에 애그너스 사빌(Agnes Savill)은 가늘고 단정치 못한 머리카락이 이마나 귀 그리고 목 위에 어지럽게 흩어져 있는 습하고 바람이 몰아치는 느낌의 헝클어진 스타일로서 보여졌다. 날씨에 좌우되지 않는 머리모양으로서 최초로 표현되는 웨이브 형태가 유용한 방법 중의 하나였다. 그러나 모든 여성이 이러한 새로운 기법을 미용실에서 처치할 수 있는 경제적 여유를 가지지는 못했다. 웨이브 펌 된 사람 역시 시술 후에도 그 두발을 적절히 관리하는 방법을 배워야만 했었다.

처음 웨이브를 한 후 많은 여성들은 웨이브의 효과를 손상시키지 않도록 그들의 웨이브된 두발에 빗질을 하지 않으려고 했었다. 또한 공장 노동자들은 두발 및 두개피부의 관리를 불규칙적으로 하므로 이들 사이에는 기생충인 이(pediculosis)가 만연하게 되었다. 당시 여성잡지나 미용서적에서는 웨이브 스타일을 다루는 방법에 대한 사설에서 여성들에게 매일 저녁 잠들기 전에 두발을 전체적으로 브러싱(brushing)과 빗질(combing)을 한 다음 두개피부에 몇 분간 손가락으로 마사지를 하도록 했으며, 그런 다음 웨이브를 원래대로 빗질하고 오데코롱을 뿌리도록 했다.

또 한편으로는 웨이브된 머리모양이 여성들에게 있어서 개성 상실의 조짐을 알리는 것이라고 믿었던 사람들로부터 웨이브 펌에 대한 비평이 일어났다. 이러한 비평 사설에서는 펌의 미적 가치에서 볼 때 현대적인 미용사들은 그 개개인에게 어울리는 웨이브 형태를 결정할 만한 어떤 기술도 감각도 가지고 있지 않았다. 그에 반해 현대 여성들은 또한 평균적으로 낮은 미적 수준을 가지고 있기 때문에 그녀는 그녀의 외모 중 가장 장점을 드러낼 수 있는 머리모양에 대해 무지하다고 논평했었다. 유행에 의해 완벽하게 세트되고 매끄러워진 두발은 나름대로 확실한 매력을 가질 수 있었다. 한편으로는 미적인 관점을 갖기를 원하는 사람들은 대중적인 모양으로서 한결같이 깔끔하게 정돈되어 형식적인 기능에 따른 일률적이면서 일편적인 머리모양에 대해 거부하기 시작했다.

4. 스트레이트 펌의 역사(The history of straight perm)

기원전 30년경 고대 이집트에서 군림한 클레오파트라(Cleopatra, 69~30 B.C.)로부터 컬, 스트레이턴드, 타이트로프(tightrope)를 이용한 머리형태가 그림을 통해 확인된다. 클레오파트라의 원래 두발상태가 본래 스트레이트 상태인지, 자연 상태 컬(natural curly)인지에 대한 규명은 문헌을 통하여 알 수 없지만 평균 기온이 높은 지방에 살고 있는 사람들의 두

클레오파트라

발 대부분에서 컬이 관찰된다.

• 심한 축모(excessively curly hair)는 '땀이 흘러 떨어지는 것을 방지함과 동시에 흘러나오는 땀이 두발 가운데에 멈추고 그것이 증발할 때에 발생되는 기화열에 따라서 뇌를 차갑게 하거나 강한 직사일광에서 뇌를 보호한다'라는 환경적 자연 섭리를 갖고 있다.

• 과도한 축모상으로서 종족주의로 간주되고 지지받기 시작했다. 반듯하게 편 두발이 미국 흑인들 사이에서 잘못된 의식이었지만 그런데도 자연스러운 검은 두발의 아름다움은 검은 것이 아름답다는 움직임으로 더 널리 퍼졌다. 이것은 백인이 아름답다는 많은 미국인들에 대한 노예의 반란이기도 했다. 미국에서 자연스럽게 불리는 'afro'와 같은 검은 두발이 더 좋게 받아들여지고 있었다.

1970년대의 기법

당시 축모교정제 용제는 다갈색의 점토 형태로 흰색 고형물이 섞여 있었으며 사용 방법으로서는 샴푸 후 두발에 빗(櫛)을 이용하여 용제를 도포한 후 10~15분 방치했다가 깨끗하게 씻어 내는 타입이었다. 확립된 테스트 방법 역시 존재하지 않는 미용사의 경험에 의해 '편편하게 펴다, 펴지지 않다'의 화

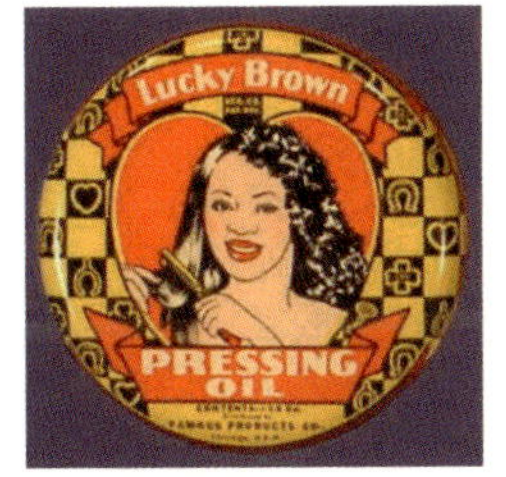

학반응 결과가 도출되는 비가시적(invisible) 부분이다. 이는 흐르는 물에 세발하지 않고서는 알 수 없는 과정을 "축모 교정"이라는 펌시술이 미용실에서 메뉴화되어 '스트레이턴드'라는 명칭을 갖게 했다. 이러한 시술과정은 버릇모로 고민하는 고객에게 영구히 만족을 주는 차원은 아니었다.

1980년대 전반의 기법

1982년경을 경계로 스트레이트 펌이 다시 붐을 일으켰다. 스트레이트 펌용 판넬(컬러풀한 수지의 스트레이트 판넬)에 두발 베이스 폭을 넓게 펴서 붙인 상태로 장시간 참을성이 강요되는 시술을 요구

받았다. 초기 콜드 펌 용액 제1제에 밀가루와 갈분 가루 및 식품 첨가제인 CMC 등을 섞는 것으로 적당한 점성에 의해 판넬에 넓게 붙였다. 제1용제 적용시간도 '건조'까지로서 적당한 시간을 미용사의 경험에 따라 방치하는 실정이었다. 이 같은 작업 공정의 결과 두개피부에서 단모, 두발의 손상 등 많은 불평에 의해 당시 일본에서는 스트레이트 펌을 금지하는 통고를 내는 결과를 초래했지만 수요자는 감소되지 않았다.

1980년대 후반의 기법

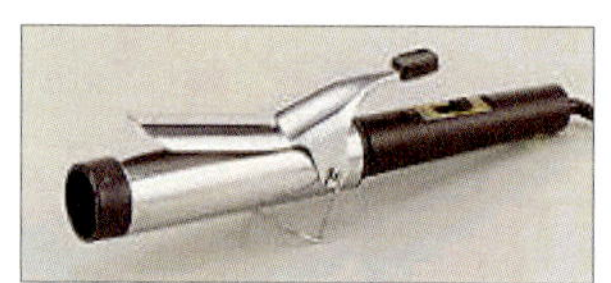

용제와 컬리 아이론 기기를 병용함으로써 곱슬두발을 직모로 펴는 기술이 나왔다. 사용된 컬리 아이론의 발열부분은 전면이 두발에 접촉되지 않도록 모양이 구성되고 글로브 부분에는 고무가 장착된 원적외선이 발생되는 구조의 기기였다. 기술적으로 연화된 두발에서 변형된 단면이 원형에 가깝도록 또는 모다발(hair strand)이 곧고바르게 펴지도록 모근에서 모간 끝까지로 컬리 아이론으로 움직여 조절했다.

1990년대 전반의 기법

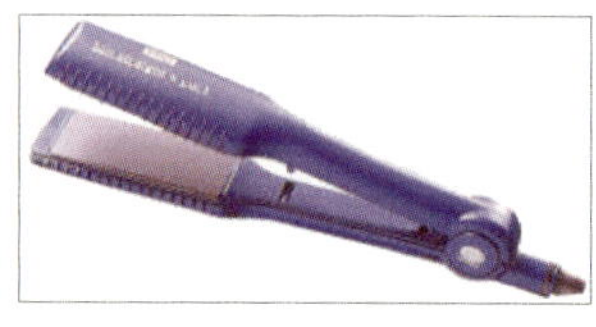

곱슬두발을 펴는 기술이 다양하게 개발됨은 용제 조작에 의한 차이뿐만 아니라 용제 사용에 따른 환원·산화에 의한 방법, 용제에 의한 환원 + 물리작용에 의한 방법 등 대별된 상기의 2가지만으로 분리되었다. 물리적 방법에 의한 차이는 환원제가 도포된 상태에서 클리프식 프레싱(비가열)을 사용해 텐션을 가해서 펴는 물리적 조작 중심의 방법과 환원작용이 종료된 후 브러시 + 드라이어의 열에 의한 물리적 조작을 행하는 방법, 가열 twostep 환원제를 도포한 상태로 저온 원적외선 아이론에 의한(두발 접촉 온도 50~60℃) 텐션을 주지 않는 방법의 화학반응과 물리적 조작을 병용하는 방법, 환원제에 점착력을 가한 두발의 연화상태를 확인 후 빗질 처리만으로 조작하는 방법, 환원제에 점착력을 가해

연화상태를 확인한 후 2제 처리를 행하고 용제작용으로 조작하는 방법 등을 들 수 있다. 1993년을 계기로 축모교정은 본격적으로 란티오닌 작용을 이용한 릴렉싱(relaxing) 과정 시대로 도입됐다. 그러나 그 반면 두발 손상의 증폭은 높았다.

1998년 당시의 기법

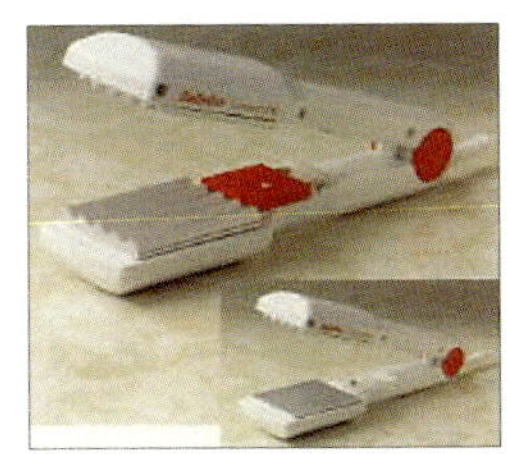

약사법 개정과 동반하여 180℃까지 고온 프레싱 기기(pressing)의 사용이 가능해졌다. 그 때문에 용제 및 기구도 새롭게 개발되어 축모를 직모로 변화시키는 축모교정 신시대로의 도입이 일어났다. 가열 twostep 축모교정제로서 제1제는 흐르는 물에 씻은 후 고온 프레싱 기기를 사용하는 기법이다. 의약부외품에 의한 규격으로서는 TGA 농도는 1~5%, pH는 4.5~9.3, 알칼리는 5㎖ 이하로 규제되었다. 고온 프레싱 기기를 이용, 기기의 발열면이 평평한 모양과 凹凸한 모양이 개발되었다. 그러나 이·미용사들의 대부분은 축모교정 이론 그대로 물리적 현상의 조작으로 작업시킬 수 없는 상황이 되었다.

2010년 당시의 기법

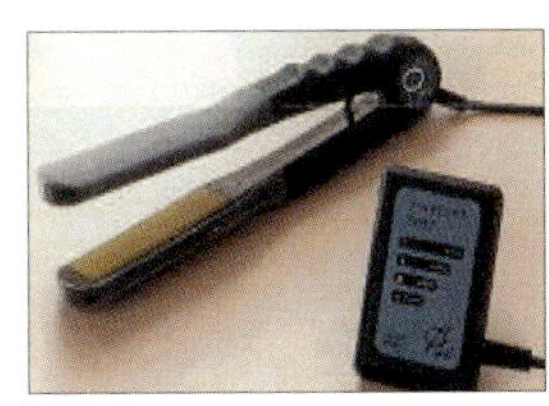

축모교정 이론도 새로운 전개를 보여 고객의 필요 욕구는 간단히 쭉 펴진 두발 끝의 보들거림(구부려도 모양이 흐트러지지 않고 탄력성이 있으며 부드러운 모양)과 두발 끝의 컬, 모근을 살린 컬 등을 만들 수 있도록 발열면이 곡면형태의 curly pressing 기기가 출현했다.

용제의 추이

2001년 4월에서의 규제완화에 의한 용제에도 변화가 보여지고 제1제에는 싸이오글리콜산, 아황산나트륨, 시스테인, 시스테아민 등의 환원제와 그에 맞는 제품도 판매가 가능하게 됨으로써 축모가 펴짐과 함께 두발에 손상을 주지 않는 제품의 개발이 행해지고 있다.

5. 펌 용제의 역사(The history of perm agent)

•1905년 근대 펌의 시조인 미용사 챨스 네슬러가 웨이브를 영구히 지속시
킬 수 있는 방법을 연구하던 중 붕사($Na_2B_4O_7 \cdot 10H_2O$)와 같은 알칼리성
수용액을 이용, 화학적인 처리를 가한 후 전기를 이용하여 가열하는 방법을
고안했다. 이 원리는 두발 시스틴 결합의 가수분해라는 화학현상을 응용함
으로써 형성되는 이론적 방법론이다.

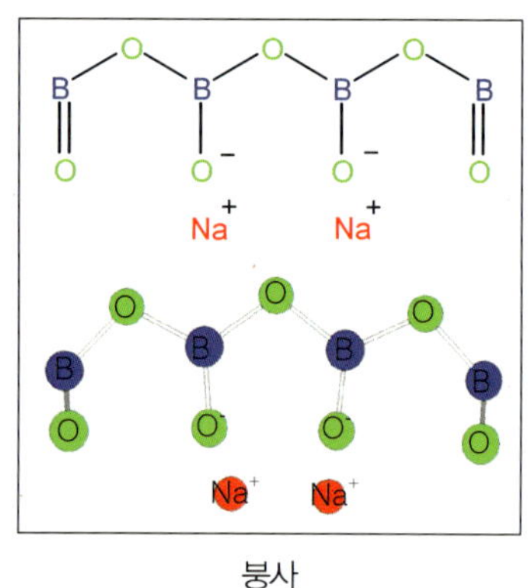

붕사

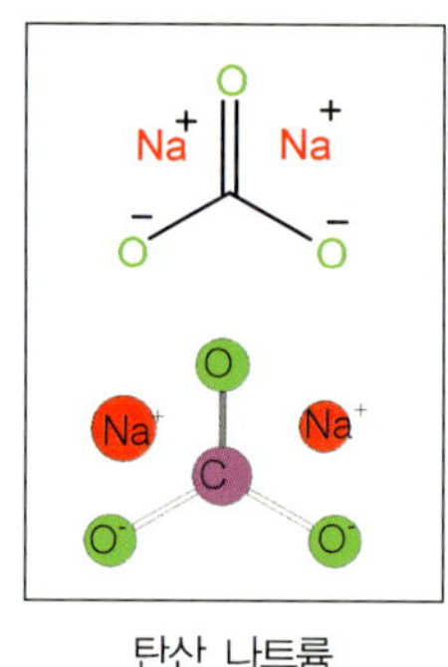

탄산 나트륨

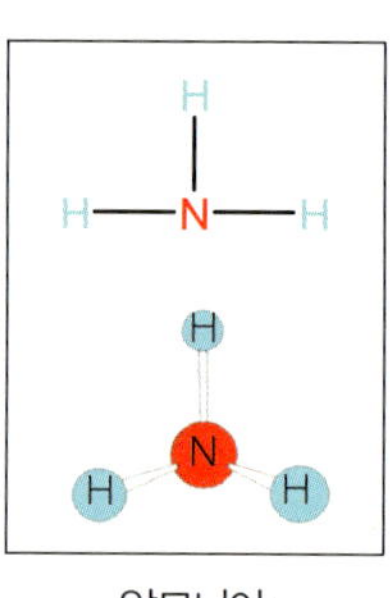

암모니아

•사르토리는 석회의 수화열을 이용한 'machineless wave'로서 웨이브 로션
의 개발을 촉진시켰다.

•1925년 조셉 메이어(Joseph Mayer)에 의해 크로키뇰 와인딩(croquignole
winding) 방법이 고안되었다.

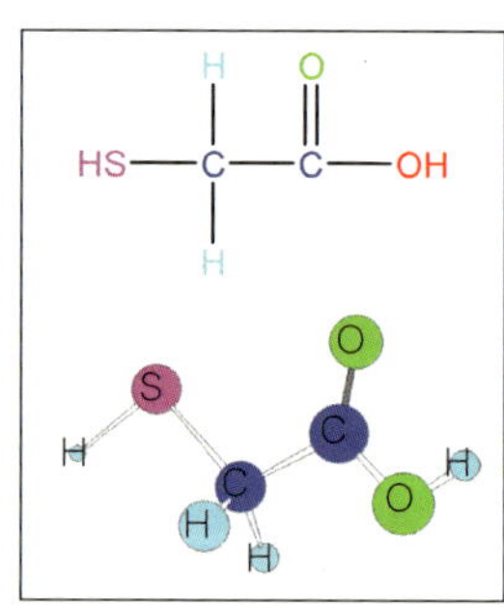

싸이오글리콜산

•1930년경 미국 록펠러 연구소에서 두발 조직은
약한 염기성 용액에 의해 상온에서도 쉽게 변화시
킬 수 있음을 시범보인 것이 근대 펌의 시초이다.

•1934년 고더드(Goddard), 마이컬스(Michelis)가
두발의 케라틴 다이설파이드 결합인 3차원적 구
조에 싸이오글리콜산염(TGA salt)을 이용하여 최

초로 콜드 펌 웨이브(cold permanent hair wave)의 가능성을 선보였다.

•1936년 영국의 리도 대학 교수 스피크만(J. B. Speakman)이 아황산수소나트륨($NaHSO_3$)을 이용하여 100℃ 전후 가열이 필요했던 시술온도를 40℃ 상온(cold라 함)에서 웨이브를 형성시켰다.

•1940년경 미국의 맥도너(McDonough) 연구진이 TGA($HSCH_2COOH$)을 주제로 하는 콜드 펌의 연구에 성공함으로써 현재의 제품 형태에 가깝게 개발되어 지금에 이르고 있다.

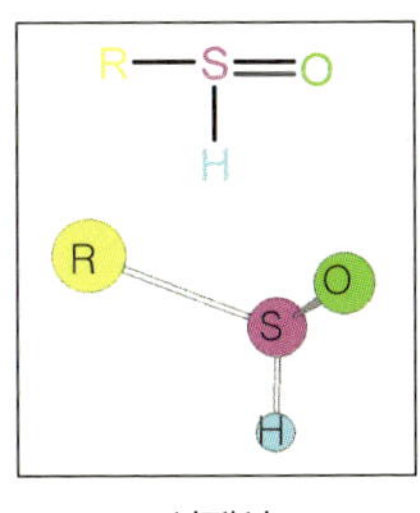

설펜산

•1950년대에 들어와서 TGA 제품이 상온 펌(cold perm)으로서 가장 안전하다는 것이 확인되었다. 그리고 2000년 현재 설펜산(sulfenic acid)과 시스테아민(cysteamine), 싸이오유산 등의 환원제가 '화장품' 규정에 등록사용되고 있다.

스트레이턴드 펌 용제(Straightened perm agent)

•1970년대 스트레이트 제품(permanent straightener, curl relaxer)의 시장은 포화상태로서 relaxed look이 이때의 일반적인 헤어스타일이었다.

•1980년대 이러한 펌 과정은 두발을 로드(permanent rollers)에 말기 전 TGA 크림으로 먼저 도포함으로써 자연 곱슬두발을 팽윤·연화와 동시에 펴는(straightening) 방법이 시행되었다.

〈그림 5〉 워커부인의 연고와 샴푸

란티오닌의 화학(chemistry of lanthionization)

일상적으로 사용되는 이 제품은 윤기와 촉촉함이 덜한 두발의 모양과 느낌을 개선시켜 줌으로써 펌 기법 과정을 향상시켰다. 이렇게 향상된 펌 시장은 노련하고 대단한 성장으로 1980년대 중반에서 말까지 지속되었다. 많은 소비자들은 약간의 관리만으로도 유지되는 손질이 필요 없는 스타일을 즐겼다.

두발의 구조를 느슨하게 하는 것은 금속 산화물 또는 구아니딘[$C(NH)(NH_2)_2$]을 이용하여 두발의 시스틴 함유량 $\frac{1}{3}$을 란티오닌(lanthionine, -S)으로 변화시키고, 펩타이드 결합의 소수(小) 가수분해에 의해 생성을 유도시켰다.

수산화나트륨, 수산화물요소, 수산화칼륨, 수산화인산 등이 파상모를 직모로 펴기 위한 활성 스트레이트 용제인 구핵 개열제로 사용되어져 왔다. 이때 수산화나트륨과 수산화요소는 가장 효과적이었음이 증명되었으며 특히 수산화요소는 알칼리가 포함되지 않은(no-lye) 스트레이트 제품으로서 두개피부 손상을 최소화시켰으며 손상된 두발을 회복시키는 데 효과적이었다.

두발을 직모로 펴는(hair relaxing) 또는 느슨하게 하는 란티오닌회(lanthionization)되는 것은 과도한 파상모가 영구적으로 펴지는(permanently straightened) 하나의 화학적 과정이다. 두발을 펴는 최초의 용제는 1940년에 개발되었다. 이때는 수산화나트륨(NaOH) 또는 감자전분과 혼합된 수산화칼륨(KOH)의 혼합물로서 두개피부를 매우 자극시켰다. 비록 두개피부에 자극적이긴 했지만 화학적으로 두발을 펴는 사람에게 두발을 똑바르게 펴는 더 영구적 방법을 제시했다.

● 요약

1. 1930년대 후반까지 성행했던 마셀웨이브는 미용사 직업을 말해 주는 기술의 대명사가 되었다. 한쪽 두상의 축모를 대칭적으로 동일하게 만든 일시적 웨이브를 영구적으로 유지하기 위한 네슬러의 영구펌은 긴 두발에 응용하는 스파이럴식(wrapping)으로서 샹들리에 기구와 알칼리와 열, 붕사 등이 이용된다.

2. 1936년 스피크만에 의해 콜드웨이브용액을 사용함으로써 금속기구가 제거되었다.

3. 1960년대 아프로 캐리비안 축모에 수산화나트륨을 적용하여 직모화하고자 하는 인류 특유의 펌 효과를 통해 란티오닌 작용을 이용한 릴렉싱과정을 규정한다.

4. 연도별 기법을 통해 스트레이트 펌과 스트레이턴드 펌 과정을 일례로 클레오파트라의 그림을 통해 추측할 수 있었으며 메뉴화와 명칭 등의 차원과 기기 등의 개발과정이 스트레이트 펌의 역사에서 전개된다.

5. 두발 시스틴 결합의 가수분해라는 화학현상을 응용함으로써 형성되는 전열펌인 네슬러 웨이브와 사르토리에 의한 머신리스펌과 상온에서도 쉽게 변화시킬 수 있는 콜드펌, 싸이오글리콜산염을 이용한 고더드, 아황산수소나트륨을 이용한 스피크만, 맥도너의 싸이오글리콜산을 주제로 한 제품개발과 현재, 설펜산과 시스테아민, 싸이오유산 등의 환원제가 '화장품' 규정에 등록되는 등의 발전단계를 갖는다.

● 연습 및 탐구문제

1. 마셀웨이브와 일시적 웨이브를 관련시켜 설명해 보시오.
2. '마샬'미용실 상호의 등장이 주는 시사점이 무엇인지 논하시오.
3. 영구적 웨이브가 갖는 샹들리에 기구와 사용되는 화학약품에 대해 설명해 보시오.
4. 웨이브펌과 스트레이턴드 펌의 역사를 시대별로 설명해 보시오.
5. 펌 용제 역사 중 전열펌, 머신리스펌, 콜드펌에 대한 차이가 무엇인지 말해 보시오.

Reactive Cosmetic Perm Agent
반응성 화장품 펌 용제

● 개요

　펌 용제는 화장품법에 의약품외품인 반응성화장품으로 분류되며, 펌의 원리가 갖는 요소는 모발, 용제, 기술의 상호 작용에 의해 형성된다. 이 중 모발 내에 작용되는 펌의 원리는 모발과 용제의 기전에 따른 방식으로서 가열펌과 콜드펌으로 구분된다. 이 장에서는 반응성 화장품 펌 용제 대해서 다음의 순서로 논의를 전개한다.

　첫째, 펌 용제는 일반적으로 1제와 2제로서 주성분인 1제는 웨이브형성 및 축모교정에서의 효능, 효과, 단일·이중단계, 콜드식과 가온식 및 사용 시 조제발열식에 따른 사용방법 또는 싸이오 및 시스계 등 9종으로 구분됨을 살펴본다.

　둘째, 제1제의 주성분으로서 환원제인 싸이오글리콜산 및 시스테인과 그 염류인 알칼리제를 통해 모발에서의 팽윤과 연화에 따른 절단에 대해 살펴본다.

　셋째, 절단·환원된 모발구조를 2제인 산화제를 통해 재결합시키는 과정으로서 브롬산염류, 과산화수소의 특징과 역할에 대해 살펴본다.

　넷째, 첨가제는 용액에 첨가시키는 성분으로서 침투제, 습윤제, 유화제, 유성성분, 착색제, 향료, 그 밖의 원료 등으로 분류함으로써 환원 및 산화, 마무리감, 사용감 등 효과에 대해 살펴본다.

　다섯째, 화장품법에 따른 펌 용제 기준, 사용상주의, 성분 및 사용기한 등의 표시, 안전검사 등에 대해 살펴본다.

● 학습목표

1. 모발의 미세구조를 이해하고 펌의 원리가 지니는 방법으로서 가열펌과 콜드펌을 분류, 설명할 수 있다.
2. 펌 용제의 기준을 웨이브형성과 축모교정으로 분류한 후 싸이오계와 시스계의 적용을 통해 차이를 종합하여 설명할 수 있다.
3. 주성분으로서 1제와 2제에서 모발에 관한 역할을 이해하고 성분과 작용에 대해 분석하여 실명할 수 있다.
4. 첨가제 및 안전성과 법규제에 대해 비교 적용할 수 있다.

● 주요 용어

　가열펌, 콜드펌, 시스틴결합, 싸이오글리콜산염, 시스테인, 의약품외품, 알칼리제, 환원제, 산화제, 계면활성제

반응성 화장품 펌 용제

1. 펌 원리(Perm principle)

　직모에 웨이브를 형성(wave perm)시키거나 자연 컬리된 (축모) 두발을 란티오닌화함으로써 펴 주는 헤어스타일(straightened perm)은 오래전부터 많은 방법들이 전개되어 왔다.

　이러한 원리는 열방식인 가열펌과 화학방식인 콜드펌으로 분류되며 콜드 용액은 고온펌 용제와 상온펌 용제로 구분된다.

1) 가열펌(machine heat perms)

• 두개피 모발에 전열기기를 이용 알칼리 또는 수증기로서 고온처리하였을 때 메캅탄(-SH)과 설펜산기(-HOS)로 개열반응되는 열방식으로서 반응식은 다음과 같이 나타난다.

$$\vdash\!\!-S\!\!-\!\!S\!\!-\!\!\dashv \xrightarrow[H_2O]{\text{알칼리 또는 수증기}} \vdash\!\!-SH \;+\; HOS\!-\!\!\dashv$$

• 두개피 모발에 아황산염(M_2SO_3)인 알칼리성 용액을 고온처리하였을 때 메캅탄(-SH)과 설폰산기($-HO_3S$)로 개열반응되는 열방식으로서 반응식은 다음과 같이 나타난다.

$$\vdash\!\!-S\!\!-\!\!S\!\!-\!\!\dashv \xrightarrow[H_2SO_3]{\text{황화물}} \vdash\!\!-SH \;+\; HO_3S\!-\!\!\dashv$$

　이러한 시스테인 잔기(-SH)는 아미노기($-NH_2$), 설펜산기(sulfenic acid group), 설폰산기(sulfonic acid group) 등에 의한 불가역성 반응과 함께 새로운 종류의 측쇄를 형성시킨다. 이때 케라틴 본래의 측쇄결합(S-S)은 적어지고 새로운 타입의 측쇄결합(SHO-)을 증가시킨다. 그 결과 두개피 모발은 화학변성과 열변성을 받게 된다.

 2) 콜드펌(cold perm)
두개피 모발에 싸이오글리콜산염 또는 시스테인(thioglycolic acid salt or cysteine)을 상온에서 처리하였을 때

$$\text{—S—S—} \xrightarrow[\text{2HS·CH}_2\text{·COOH}]{\text{싸이오글리콜산 또는 시스테인}} \text{—SH·HS—}$$

반응식과 함께 개열됨은 제1제 환원제 중의 싸이오글리콜산(TGA)이 두발 케라틴 분자의 시스틴 결합을 환원 절단한다.

$$\text{—S—S—} \underset{O}{\overset{2H}{\rightleftharpoons}} \text{—SH·HS—}$$

 절단된 상태에서 제2제에 의해 산화되면 두발 중에 메캅탄(-SH) 함량이 급속히 감소됨으로써 메캅탄과 이황화결합의 교환가능성이 낮아져 웨이브 형성을 안정시킨다.

wave perm의 원리

두발은 주성분인 케라틴의 폴리펩타이드 사슬(polypeptide chain: PC)이 여러 개 측쇄결합으로 연결된 그물구조를 취하고 있다. 환원 또는 릴렉싱을 형성시키는 연화과정에 있어서 중요한 것은 5개의 측쇄 결합 중 가장 견고한 시스틴 결합(S-S, cystine bond)이다. 이는 환원제(reducing agent)에 의하여 절단되어 시스테인으로 되며, 산화제(oxidizing agent)에 의하여 다시 새로운 시스틴 결합을 구성시킨다.
가열 펌과 비교하여 케라틴 변성에서 차이가 있지만 실질적으로 두발은 단일 게리던으로 균등하게 되어 있는 화학 섬유가 아니라 복잡한 조성과 구조를 가졌다. 즉 화학적으로 케라틴이 환원되고 다음으로 산화되어 원래대로 돌아온다는 것은 틀림없는 사실이나, 눈으로 확인할 수 없는 분자들의 화학변화에 의한다. 구체적으로 우리들의 느낌이나 지식으로 알 수 있는 것은 제1제에 의해 케라틴은 부드러워진다는 것과 이것을 2액에 담그면 다시 단단하게 된다는 것을 경험으로 알 수 있다. 이는 두발에 있어서 가소성의 문제인 '세공하기 쉽다'는 의미로서 1액이나 2액이 로드 위에 도포되기 때문이다.

2. 펌 용제의 분류(The classification of perm agent)

의약부외품의 펌 용제는 일반적으로 1제와 2제로 분류된다. 그중 주성분인 제1제는 9종으로 분류된다. 웨이브 형성 및 축모교정에서의 효능, 효과, 단일단계 및 이중단계, 콜드식과 가온식 및 사용 시 조제발열식에 따른 사용방법 또는 1제의 싸이오글리콜산계 및 시스테인계의 주성분 등으로 분류되어 있다.

1) 펌 용제의 기준

펌 용제는 반응성 화장품이며 두발성분에 화학변화를 줌으로써 두발 구조를 변화시킨다. 이에 따른 올바른 시술을 위해 반응성 화장품의 주성분과 작용에 관해 이해하고자 한다.

	주성분	온도	1제 pH	pH 범주	용법	주성분의 염류	2제 주성분(pH)
1제 웨이브형성	싸이오 글리콜산계	콜드식	4.5~9.6	산성, 중성, 알칼리성	twostep	싸이오글리콜산 그의 염류	브롬산염, 과황산나트륨 (pH 4.0~10.5) 과산화수소 (pH 2.5~4.5)
		가온식	4.5~9.3				
		사용시 조정 발열식	4.5~9.4				
	시스테인계	콜드식	4.5~9.6	알칼리성	onestep	시스테인, 시스테인 염류, 아세틸 시스테인	
		콜드식	8.0~9.5				
		가온식	9.4~9.5	산성, 중성, 알칼리성	twostep		
축모교정	싸이오 글리콜산계	콜드식	4.5~9.6	산성, 중성, 알칼리성	twostep	싸이오글리콜산 그의 염류	
		가온식	4.5~9.6				
		고온 프레스를 이용한 가온식	4.5~9.6				

	원료	작용 · 배합목적
주성분	싸이오글리콜산, 싸이오글리콜산 암모늄, 싸이오글리콜산 모노 에틸 아미노, L-시스테인, 염산 L-시스테인, 아세틸 시스테인	모피질 내의 시스틴 결합의 절단
알칼리제	암모니아수, 모노에틸아민, 탄산수소암모늄, L-아르기닌	주성분의 화학반응 활성, 팽윤도
첨가제	양이온화 셀룰로즈, 시스테인, 유분	두발 보호 및 두개피부에의 자극완화, 마무리감, 사용감 등의 향상

일반적으로 콜드 용액은 TGA 농도가 2~7% 사이이며, pH는 4.5~9.6이되어야 한다. 사용되는 알칼리 용액은 단독으로 사용되는 것은 적고 암모니아, 모노에타놀아민, 탄산수소암모늄 등의 알칼리제를 2종류 이상 혼합하여 사용하는 경우가 많기 때문에 이 같은 표현법을 취하고 있다.

$$HSCH_2COOH + NH_4OH \longrightarrow HS\,CH_2COONH_4 + H_2O \cdots ①$$

위 식 ①에다 알칼리 B(유리 알칼리로서 pH는 알칼리의 종류에 따라 달라질 수 있으며, B가 암모니아의 경우 pH 11) + 물 = 펌 용액 1제인 환원제 (pH 7 이상으로서 대체로 pH 8.5~9.6)이다.

의약부외품 등록의 펌 용제 품질규격
(Wavesolution specificationof pharmaceuticals registration)

'품질규격'은 승인기준에 있어서 '규격 및 시험방법'으로서 제정시킨 것이지만 그 기준적 이념은 "펌 용제 기준"으로서 변화는 없다. '승인기준'의 목적은 안전성, 유효성을 확보함으로써 일정 품질 펌 용제를 제조하여 공급하기 위해서이다. '품질규격'은 그 목적을 달성하기 위한 세부사항에 해당된 구체적 조항을 정한 것이며 '승인기준'에는 주성분, 효능, 효과 및 용법에 따라 5종류로 분류하고 있다. 아래 내용에서와 같이 '품질규격'에 따라 주성분, 효능, 효과 및 용법에 의한 다음 9종류로 분류시킴으로서 품질의 규격을 정하고 있다.

① TGA 또는 그 염류를 주성분으로 하는 cold twostep 펌 용제

② 시스테인, 시스테인의 염류 또는 아세틸 시스테인을 주성분으로 하는 cold twostep 펌 용제

③ TGA 또는 그 염류를 주성분으로 하는 가열 twostep 펌 용제

④ 시스테인, 시스테인의 염류 또는 아세틸 시스테인을 주성분으로 하는 가열 twostep 펌 용제

⑤ TGA 또는 그 염류를 주성분으로 하는 cold onestep 펌 용제

⑥ TGA 또는 그 염류를 주성분으로 하는 제1제 용시조제 발열 twostep 펌 용제

⑦ TGA 또는 그 염류를 주성분으로 하는 cold twostep 축모교정제

⑧ TGA 또는 그 염류를 주성분으로 하는 가열 twostep 축모교정제

⑨ TGA 또는 그 염류를 주성분으로 하는 고온 pressing 가열 twostep 축모교정제 등이 분류된다.

tip **제1제주성분의 종류**

펌 용제 특징은 주성분 종류의 변화에 있으며 의약부외품 등록으로 사용이 가능한 주성분은 싸이오 타입(thio type) 및 시스 타입(cys type) 2종류로 대별된다.

의약부외품 승인기준에는 각 분류마다에 주성분 첨가에서 제한량을 규정하고 있다. 과량첨가했을 때 두발과 두개피부에 필요 이상의 작용으로서 손상과 자극을 주기 때문에 예방 조치를 필요로 한다. 일반적으로 펌 시술에 따른 두발이 손상되는 원인으로서는 두발이 팽윤할 때 단백질과 아미노산이 유출되며 중화제 처리시나 처리 후 산화 생성물인 시스테산(cysteic acid, SO_3H)이 두발 내에 생긴다. 이런 현상은 시스테인계 펌 용제 쪽이 일반적으로 싸이오 타입보다 두발 손상이 덜 되는 특징을 가지고 있다.

싸이오글리콜산
(thioglycolic acid)

TGA 자체는 pH 2 전후의 강산으로 두개피부 접촉 시 자체 피부 자극이 심하여 희석용액만으로도 표피의 각질이 박리되고 염증을 유발시킨다. 따라서 염(salt)인 알칼리를 첨가하여 중화시킴으로써 중성염의 pH 6.5~6.8 정도로 제조된 것을 사용한다.

싸이오글리콜산염
(thioglycolic acid + salt)

TGA 암모늄 자체는 두개피부에 자극이 없는 거의 중성으로서 순도 99%의 원액이나 제조회사에서 수입하여 알칼리 B(알칼리류 40종)를 첨가시켜 사용한다. 암모늄염(NH_4^+)은 무색의 가벼운 기체로 휘발성이 크며 질소와 수소의 화합물인 암모니아와 산이 화합하여 생기는 염으로서 보통은 암모늄(NH_4^+)을 함유하는 이온 결정이다.

<표 1> 펌 용액 기준

용액 / 종류	제1제			제2제					온도조건
				브롬산나트륨, 브롬산칼륨, 과초산나트륨		과산화수소			
	pH 25℃	알칼리(㎖) 0.1mol/L 염산소비량	산성비등점후의 환원성물질% (TGA 함유율)	pH 25℃	산화력	pH	산화력	과산화수소 함유율	
① TGA 또는 그 염류를 주성분으로 하는 콜드 이중단계 펌 용제	4.5~9.6	7㎖ 이하	2.0~11.0%*	4.0~10.5	3.5 이상	2.5~4.5	0.8~3.0	2.5% 이하	실온 (1~30℃)
② 시스테인, 시스테인 염류 또는 아세틸 시스테인을 주성분으로 하는 콜드 이중단계 펌 용제	8.0~9.3	12㎖ 이하	시스테인 함유율 3.0~7.5%	①과 동일		①과 동일			실온 (1~30℃)
③ TGA 또는 그 염류를 주성분으로 하는 가열 이중단계 펌 용제	4.5~9.3	5㎖ 이하	1.0~5.0%	①과 동일		①과 동일			60℃ 이하
④ 시스테인, 시스테인 염류 또는 아세틸 시스테인을 주성분으로 하는 가열 이중단계 펌 용제	4.0~9.6	9㎖ 이하	시스테인 함유율 1.5~5.5%	①과 동일		①과 동일			60℃ 이하
⑤ TGA 또는 그 염류를 주성분으로 하는 콜드 단일단계 펌 용제	9.4~9.6	3.5~4.6㎖ 이하	3.0~7.5%						실온 (1~30℃)
⑥ TGA 또는 그 염류를 주성분으로 하는 제1제 용시조제 발열 이중 단계 펌 용제 — 제1제의(1)	4.5~9.5	10㎖ 이하	8.0~19.0%	①과 동일		①과 동일			제1제 40℃
제1제의(2)	2.5~4.5		과산화수소 함유율 2.7~3.0%	①과 동일		①과 동일			실온 (1~30℃)
제1제의(1) 및 제1제의(2) 혼합물	4.5~9.4	7㎖ 이하	2.0~11.0%	①과 동일		①과 동일			실온 (1~30℃)
⑦ TGA 또는 그 염류를 주성분으로 하는 콜드 이중단계 축모교정제	4.5~9.6	7㎖ 이하	2.0~11.0%*	①과 동일		①과 동일			실온 (1~30℃)
⑧ TGA 또는 그 염류를 주성분으로 하는 가열 이중단계 축모교정제	4.5~9.3	5㎖ 이하	1.0~5.0%	①과 동일		①과 동일			60℃ 이하
⑨ TGA 또는 그 염류를 주성분으로 하는 고온 정발용 프레스를 사용한 가열 이중단계 축모교정제	4.5~9.3	5㎖ 이하	1.0~5.0%	①과 동일		①과 동일			60℃ 이하 고온정발 pressing은 180℃ 이하

* TGA에서 7% 이상을 초과 배합했을 경우는 동량의 DTGA를 혼합한다.

•①의 펌 용액 경우에는 알칼리 7㎖ 이하로서 사용할 때의 온도조건이다.

•①, ②, ⑤, ⑥, ⑦의 경우는 콜드 상온식으로서 제1제를 두발에 도포한 후 시술과정 중 두발의 온도조건은 실온(1~30℃)이다.

•③, ④, ⑧, ⑨ 콜드 가온식일 때의 시술과정 온도는 가온 60℃ 이하이나 보통 실제로 펌을 형성시킬 때 온도는 45~55℃ 정도가 된다.

•⑥의 경우 환원제 (1)과 (2)의 혼합이 약 40℃에서 발열하는 형태로서 시술과정 온도는 40℃ 전후이다.

tip 알칼리도

알칼리라는 것은 1㎖의 펌 용제 중 존재하는 알칼리 용액을 중화하는 데 필요한 0.1 규정염산의 소비량(㎖)에 의해 제시되며 일반적으로는 알칼리도라 불리고 있다.

•① 타입의 중화제로서 브롬산염류 또는 과초산나트륨을 주성분으로 한다. 산화제는 산성 측에서 안정된 상태를 지키는 것은 어려우므로 시판 액상의 중화제 pH 5~7.5가 많이 사용된다. 과산화수소를 주성분으로 하는 산화제는 산성에 안정되고 알칼리에는 불안정하므로 pH가 낮게 설정되어 있으며, 시판품은 pH 2.5~3.5가 많이 사용된다.

•브롬산염과 과산화수소를 주성분으로 하는 형태는 ①, ②, ③, ④, ⑥, ⑦, ⑧, ⑨에서 주로 사용된다.

•브롬산염과 과산화수소를 사용할 수 없는 것은 ⑤다.

•현재 시중에서 판매되고 있는 브롬산염류 형태의 산화제는 거의 액상으로서 주제는 브롬산나트륨($NaBrO_3$)이다.

•분말상의 산화제는 주로 흡습성이 적은 브롬산칼륨($KBrO_3$)이 사용되나 현재 실제로 사용하고 있는 예는 거의 없다.

3. 1제의 주성분(The main component of processing solution)

펌 용액에 대한 품질, 성능 등을 적절히 하기 위해서 '펌 용제 기준'을 여러 가지 성분으로 나누었었다. 그 외에 알칼리제, 침투제, 습윤제, 양모제, 착색제, 유화제, 향료 등의 물질을 가한다.

1) 환원제(processing solution)
화장품법 펌 용제 기준에서는 싸이오글리콜산 및 그 염류와 시스테인으로 분류된다.

싸이오글리콜산
원래 산성 물질로서 산에서는 환원력이 약하나 알칼리에서는 환원력이 강해지는 성질을 가지고 있다. TGA는 메캅트초산(mercapto acotetic acid)이라고도 불리는 무색 액체로 특이한 냄새와 함께 강한 환원작용을 한다. TGA와 금속은 화학적 반응에 있어서 촉매작용이 일어나기 때문에 철(Fe)이나 구리(Cu) 등의 금속에 산화되기 쉽다. TGA 농도는 95% 이상이며 암모니아나 모노에탄올아민은 5% 정도 혼합된다.

tip 환원제의 개열성

펌 용제는 의약부외품이며 사용 가능한 환원제로서는 싸이오글리콜산 및 그 염류 또는 시스테인과 알칼리제가 포함된 환원제에 한한다. 원리로서는 싸이오글리콜산(또는 시스테인)이 두발 시스틴 결합을 환원시켜 2개의 시스테인 잔기(-SH)로 절단됨으로써 싸이오글리콜산(또는 시스테인)은 다이싸이오글리콜산(dithioglycolate or cystine)이 된다.

특히 시스테인과 시스틴의 관계는 1883년부터 알려져 왔다. 시스틴은 산성 용액 중에서 주석(Sn) 또는 아연(Zn)으로 환원되어 시스테인이 되고 시스테인은 철(Fe) 또는 구리(Cu)의 존재로 공기중에 산화되어 시스틴이 된다. 환원제는 그 성질상 싸이오글리콜산 농도나 pH, 알칼리 함유량, 알칼리 종류에 따라 두발 손상을 일으키는 원인이 되기도 하기 때문에 상온 이중단계 펌 용제(cold twostep perm agent)의 기준으로 규정되고 있다.

tip 환원제의 작용

환원작용이라는 것은 산소를 빼앗는 반응 혹은 수소를 주는 화학반응으로서 그 작용에 의해서 모발 단백질인 시스틴 결합을 절단시킨다. 환원작용이 강하다고 하는 것은 산화시키기 쉽다는 것으로서 공기 중의 산소에 의해 TGA가 산화되어 DTGA로 되어 버리면 환원작용을 잃어버린다. 그러므로 보존 시에는 용기를 밀봉해 냉암소에 보관하고 액이 조금밖에 없다면 폐기하거나 될수록 빨리 사용해야 한다.

시스테인

케라틴에서 분리 정제한 시스틴을 전해 환원이라는 방법으로 시스테인을 생성시킨다. TGA도 산화하기 쉬운 화합물이지만 시스테인은 특히 사람의 두발에서 시스틴을 추출하기 때문에 산화되기 쉽고 장시간 공기(O)와 접촉하면 물에 녹기 어려운 시스틴으로 변화해 결정을 석출시킨다. 석출된 시스틴은 아미노산의 일종으로 용액상 위해는 없지만 품질 보존상으로 좋지는 않다.

두발 케라틴의 시스틴 결합이 절단되면 두발은 고무줄과 같이 탄성이 커져 잡아당길 경우 신도가 커지면서 강도는 저하되어 알칼리에 대한 용해성이 높아진다. 이러한 반응을 가진 시스틴 결합(모발 내 14~18% 차지)이 펌 형성에 이용되면 대부분의 두발은 제1제(1회 환원) 처리 시 약 2할, 즉 3.2~3.6% 정도 시스틴결합이 절단된다고 볼 수 있다.

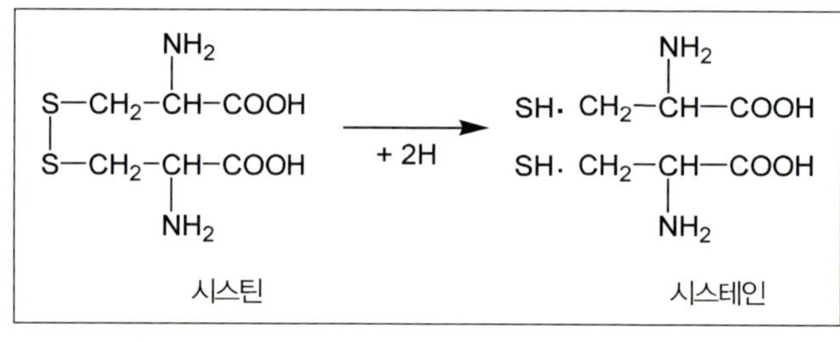

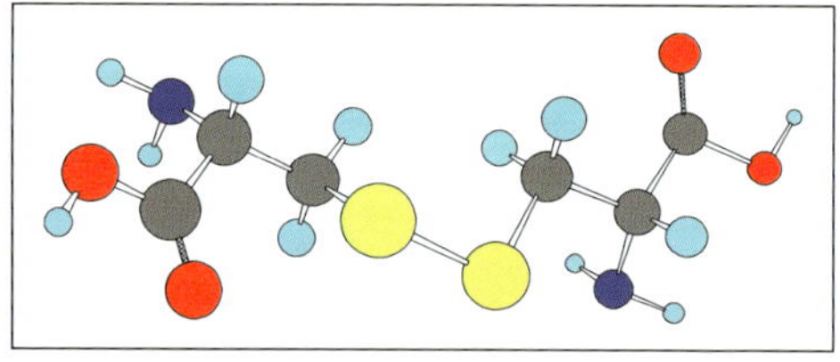

시스틴

〈표 2〉 시스테인 농도에 따른 환원 효과

시스테인 농도(%)	3	5	7	10	15
환원 효과(%)	32.5	37.4	42.1	48.2	51.0

염류(알칼리제)

주성분과 같이 펌 용제의 특징을 좌우하는 요인은 알칼리제의 첨가이다. 일반적으로 많이 사용되는 알칼리제는 암모니아, 아민류, 중성염으로 대별

tip **시스테인(cystein)**

두발이나 새의 깃털을 원료로 가수분해하여 정제한 시스틴을 환원시켜 수소(H)를 첨가한 것이 시스테인이다. 경 케라틴인 두발은 커다란 연결을 가진 분자로서 이에 산 또는 알칼리를 가해서 가수분해시키면 약 18종류의 분자량 75~250 정도 작은 아미노산으로 나누어진다. 시스틴은 두발 아미노산 가운데 가장 많이 함유되어 있으며 두발 고유의 특징을 나타내는 중요한 성분이다. 이는 시스틴을 전기분해로서 환원(H)시켜 환원제의 원료로 사용한다. 이러한 시스테인(-SH)은 수소가 쉽게 떨어져 환원됨으로써 그 자신은 처음 시스틴으로 돌아가는 성질을 가지고 있다. TGA와 같이 펌 용제 주성분으로서 시스테인은 필수아미노산이 아니지만 의약품을 비롯하여 폭넓게 사용되고 있다. 화학약품에는 여러 가지 환원제가 있지만, 두발과 관련하여 사용되어 온 것이 시스틴 결합을 절단할 때 사용되는 TGA와 시스테인이다. 이는 메캅탄 화합물로서 환원되는 기능으로 -SH 기를 그 분자의 한쪽에 가지고 있어 콜드 펌 용제로 이용되고 있다.

되며 장·단점을 지니고 있다.

① 암모니아 타입

펌 용제가 발매되었던 당초부터 현재에 이르기까지 암모니아는 고알칼리성으로서 높은 휘발성을 특이성으로 광범위하게 사용되고 있다. TGA 암모늄에 첨가되는 소량 암모니아로 인해 환원제 pH는 크게 상승됨으로써 펌 웨이브 형성력이 강한 제품이 된다. 또한 환원제가 processing 중 암모니아 휘발에 따른 pH는 서서히 저하된다. TGA NH_3에 의한 두발 팽윤도 및 환원제 효율은 pH 4~5에서 최소가, pH 8~9에서 급격히 증대되는 알칼리측과도 같이 pH 2 강산에 가까우면 두발은 가수분해를 받아서 팽윤도는 증가된다.

② 아민 타입

암모니아와는 달리 휘발하지 않는 알칼리로서 개봉 당시에 자극적인 냄새가 없으므로 무취 펌 용제라 불린다.

아민류 가운데 모노에탄올아민이 가장 넓게 사용되며 암모니아와 동일하게 소량 첨가에 의해 환원제 pH를 상승시킬 수 있는 작용이 있기 때문에 펌웨이브 형성력이 강한 제품이 되지만 불휘발성이므로 환원 처리시간 중 pH는 저하되지 않는다.

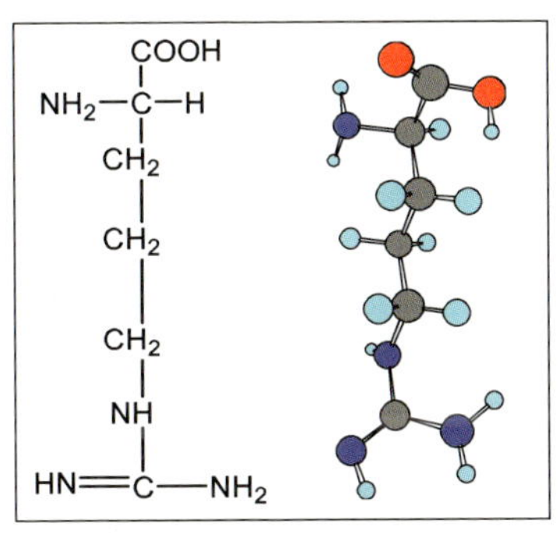

아르기닌

③ 중성염 타입

'중성 환원제', '낮은 pH 환원제'라 불리기도 한다. 중성염으로는 탄산수소 암모늄(중탄산 암모늄) 또는 인산수소암모늄이 주로 사용되고 있다. 이 원료는 암모니아를 탄산으로 중화시킨 것으로

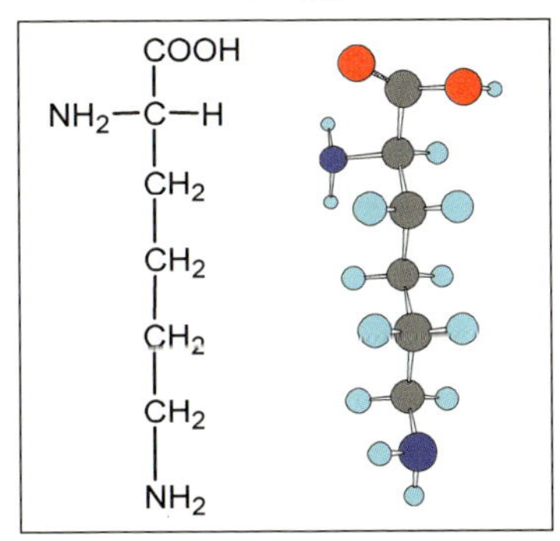

라이신

이 자체는 거의 중성을 띠기 때문에 제품 pH도 낮아진다. 그러므로 결정성

암모니아 (ammonia)의 작용

암모니아는 두발을 적당히 팽윤시키는 작용이 있으며 TGA 양이나 비율을 변화시키는 것으로 부드러운 펌에서 강한 펌까지 폭넓게 형성시킬 수 있다. 펌 용액의 우수한 점은 시술과정 중 암모니아가 휘발하여 용제 pH를 낮춤으로써 두발에 과잉작용을 일으키는 것을 방지한다. 고객의 두개피부나 시술자의 손에서도 알칼리제 잔류가 낮아 두개피부 자극도 적어진다. 결점으로서는 암모니아 특유의 강한 냄새가 난다.

아민(amin)의 작용

아민은 NH_3의 H원자를 알킬기로 치환한 것을 말하며, 치환된 알킬기의 수에 따라 amine-1개, amine-2개, amine-3개, amine-4개로서 아민은 양이온을 띠게 되는데 이를 4급 암모늄이라 한다. 이들 아민은 공통적으로 수용액 상태에서 약한 염기성을 나타낸다. 즉 H^+를 포획하며 $R\text{-}NH_2 + H_2O \rightarrow R\text{-}NH_3^+ + OH^-$인 아민계는 알칼리제로서 모노에타놀아민 등이 가장 많이 사용된다. 그러나 암모니아와 비교해 두발에 대한 친화성과 잔류성이 높고 과잉작용이 될 우려가 있기 때문에 주의가 필요하며 두개피부나 손에 잔류하기 쉬우므로 시술 후는 충분히 씻어내는 것이 중요하다. 모노에타놀아민의 장점을 이용하여 암모니아 같은 알칼리량, 알칼리 종류에 따라 두발 손상을 일으키는 원인이 되기도 하기 때문에 상온 이중단계 펌 용제(cold twostep perm agent)의 기준을 규정하고 있다.

이 약한 약알칼리제를 사용하며 암모니아수같이 자극이 강한 냄새가 없으며 에탄올아민과 같이 피부 자극이 비교적 적은 것이 장점이다.

알칼리제(alkali agent)

중첩된 모표피 내 상표피를 팽윤시키며 모피질 내 시스틴 결합을 개열시키는 환원제 역할을 보완해 준다.

• 유기알칼리(organic alkali)
유기알칼리제인 암모니아(NH_3)는 약알칼리로서 분자량이 작아 두발에 대하여 침투성이 좋으며 휘발성이 강해 두발 중에 다소 남아도 서서히 휘발하므로 두발 손상에는 그다지 큰 피해가 없다.

• 무기알칼리(Inorganic alkali)
무기알칼리에는 암모니아와 같이 휘발성으로서 화학반응 과정 중에 휘발하게 된다.

• 유기알칼리제
에탄올아민, 프로페놀아민, 트라이에탄올아민인 3종류가 있다. 프로페놀아민에는 2-아미노-2메틸-1-프로페놀, 2-아미노-2-메틸-1, 3-프로판티올, 트라이프로페놀아민이 있다. 에탄올아민은 mono, di, triethanolamine의 3 종류가 있으며 점성이 있는 액체이다. 프로페놀아민은 백색의 결정성 분말로 냄새는 거의 없는 불휘발성 유기알칼리로서 두발이나 손가락에 잔유하기 쉽기 때문에 주의할 필요가 있다.

• 무기알칼리제
알칼리가 적어지게 되면 수산화나트륨과 같이 휘발하지 않는 것이 있다. 휘발성 알칼리라고 하는 것은 암모니아, 탄산암모늄, 탄산수소암모늄 등의 암모늄염이 사용되고 암모니아는 자극 냄새가 강한 결점이 있다. 그러나 양의 가감에 따라 환원에서 강함과 약함까지 자유롭게 조정할 수 있는 용이점과 탄산수소와 병용 등 폭넓게 사용되고 있다. 불휘발성 무기알칼리로 사용되는 수산화나트륨, 수산화칼슘, 탄산나트륨 등은 강 알칼리제이다. 의약부외품으로 등록된 배합량에는 TGA염을 주성분으로 하는 펌 용제나 축모 교정제에는 TGA 대응량 이하에서 제한시키고 있다. 콜드 시스테인 펌 용제는 콜드식에서만 사용되며 가온식으로는 사용할 수 없으므로 라벨에 부착된 사용상 주의점을 숙지하여 바르게 적용시켜야 한다.

4. 2제 주성분(The main component of neutralizers)

2제의 주성분은 브롬산칼륨과 브롬산나트륨을 포함하는 브롬산염 또는 과산화수소를 일컫는 산화제이다. 과정상 이론은 산화작용에 의한 2개의 -SH에서 수소가 발생기산소와 만나서 물이 되어 탈수됨으로써 -S-S-로 재결합되는 역할을 한다.

따라서 환원제에 의해 절단된 상태에서 물리적으로 가까이 재형성된 이황화 결합을 고정하기 위한 과정이 산화제(oxidizing solution)를 이용하는 방법이다.

제품은 낮은 pH이므로 두발 팽윤도는 크지 않기 때문에 과잉작용에 대한 우려가 없는 펌 용제이다. 한편 단점으로서는 두발의 팽윤도가 적기 때문에 강한 환원 효과를 얻는 데는 적당치 않다. 또한 무기계통 분말 타입을 자주 사용하면 두발 끝은 건조되어 버석거리는 경향이 나타난다. 따라서 제품 안정성 상에서 밀봉 상태로 약 3년은 안정하지만 개봉 후에는 암모늄염 일부가 분해됨으로 pH가 점점 높아지는 경향에 의해 암모니아 냄새가 날 수도 있다. 사용한 후 남은 용액은 빨리 사용하는 것이 바람직하나 그렇지 않은 경우 밀봉해 냉암소에서 보존한다.

브롬산염류(HBrO₃)

국내 거의 모든 펌 제2제에 사용되는 브롬산염류로서 브롬산나트륨(NaBrO₃) 및 브롬산칼륨(KBrO₃)이 있다.

•pH 6~7.5로서 과산화수소와 비교하면 드러나지 않는 산화작용을 가지기 때문에 사용감이 뛰어나며 두발이 탈색되지 않는 등의 장점을 가지고 있다.

•반면 산화작용이 과산화수소에 비해서 약하기 때문에 그 작용에 있어서 충분한 휘발을 위해서는 2제 처리시간이 10분 이상 필요하게 된다.

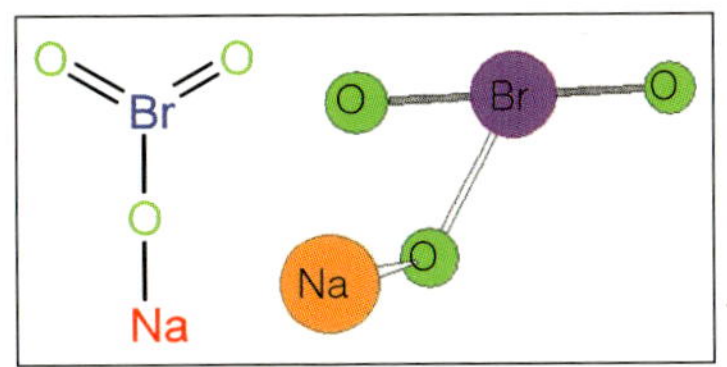
브롬산 나트륨

브롬산칼륨

브롬산염의 특징

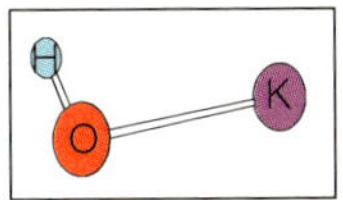
수산화칼슘

백색의 결정분발로서 냄새가 없으며 상온에는 안정하지만 고온(37℃ 이상)에서 환원제와 접촉하면서 빠르게 분해되고 때로는 발화한다. 강한 산성에는 수용액상 안정성이 없어 심하게 분해되지만 그 외 알칼리성, 중성, 약산성에는 안정하다. 브롬산 소다 약 150g이 완전하게 분해되면 약 16g의 브롬(Br)을 냄으로 분해될 때 역한 냄새와 함께 물이 된다.

과산화수소(H₂O₂)

브롬산염류에 비교해 산화작용이 강력하여 처리 시간이 짧다. 그러나 손상 두발 등에 사용되는 경우 강력한 산화작용이 두발 색소를 탈색시킬 가능성과 두발의 단백실을 분해하는 작용도 있으므로 처리시간에 특히 주의가 필요하다. 과산화수소를 분해하면 물과 산소를 생성해내는 산화제로서 마지막에 물밖에 남지 않는 매우 간단한 화합물이다. 이는 강력한 산화력 외에 표백작용과 살균작용을 하고 있으며 무심코 피부에 닿으면 수포를 생성시켜 마치 드라이아이스를 손가락으로 만져 하얗게 된 것 같은 화상을 일으킨다.

중화제의 효력, 즉 펌 1제 작용에 의해 환원된 두발 중 시스테인 잔기를 다시 시스틴 결합으로 산화하는 능력을 나타내므로 편의상 설정된 표현이다. 과산화수소 주성분 농도로서 2.5% 이하로 적절하게 사용하면 통상 두발에 대해 퇴색작용이 거의 없다. 산화력에 대하여 전문적으로 이해하는 데는 다소 어렵고 또 이들은 편의상 정의한 것으로 실용적인 산화의 척도가 될 수는 없다. 그러나 산화력이 큰 쪽이 두발 시스틴 결합을 환원시켜 시스테인이 되었을 때 다시 산화시킬 능력이 크다라는 것을 말한다. 따라서 펌 용액은 pH 7에 가까운 TGAN H₄의 용액으로 알칼리분을 가하여 pH를 높여 놓은 것으로서 그 알칼리분 자체가 물에 녹을 경우 pH는 훨씬 낮아진다.

과산화수소의 특징

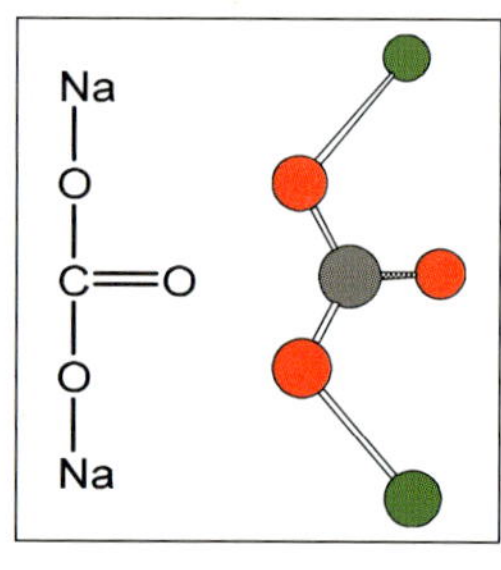

탄산 나트륨

과산화수소의 특징은 상온에서 방치 혹은 강하게 흔들거나 움직이면 서서히 분해된다. 다른 산화제(브롬산 소다와 환원제 등)와 접촉하거나 알칼리성에 접촉되면 열이 발생하며 심하게 거품이 일어나면서 빠르게 분해된다. 자외선 또한 분해를 촉진시키며 표백, 탈색 작용을 동반한다. 구미 시장 전체 80~90%가 과산화수소 2제가 사용되어지고 있다. 과산화수소 약 34g이 완전하게 분해하면 약 16g의 수소와 약 18g의 물이 된다. 같은 중량 브롬산염과 비교해서 산소의 발생량이 압도적으로 많기 때문에 산화력이 강하다. 과산화수소는 35%의 농도에 포화 안정되며, 낮은 농도에서는 안정성이 나빠 2% TGA 안정제가 배합되어 사용된다.

과초산나트륨(CH_3COONa)

백색 분말상태일 때는 무취이나 수용액은 알칼리성이며, 조금씩 산소를 내어 분해하기 때문에 장기 보존할 경우는 분말로서 두어야 한다.

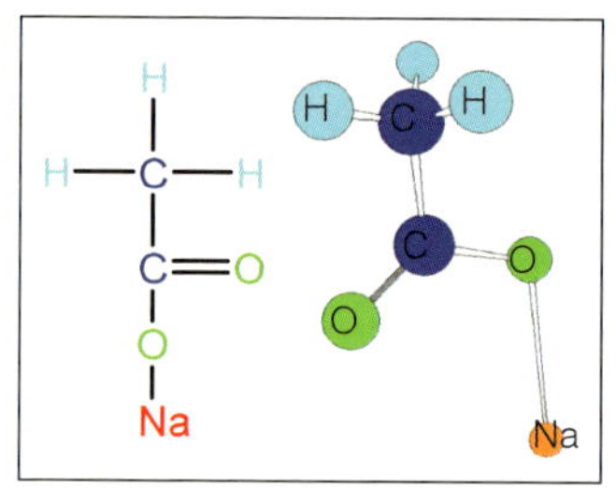

과초산나트륨

•2제 사용 시 주의
2제는 산화작용 이외에도 두발 강도 저하와 팽윤 등 1제에 의해 두발이 받은 영향을 원래의 상태로 돌리는 작용도 있다. 그 때문에 2제가 바르게 사용되지 않는 경우 두발 손상은 물론 펌 효과가 약해지며 냄새가 잔류됨으로써 좋지 않은 영향이 발생된다.

•브롬산염
물에 잘 녹는 나트륨(Na) 염이 주로 사용되고 있으며 수용액상 브롬산나트륨은 pH 6~7로서 보존 중에 점차로 pH가 저하될 가능성이 있다. 분말상의 브롬산염은 가연성인 물질과 섞이면 발화되므로 화재 원인이 될 수 있다. 특히 제1제와 접촉 시 건조하면 발화하기 쉬우므로 그 보관에 주의해야 한다. 알칼리성인 경우 반응이 드러나지 않기 때문에 pH가 높은 1제 경우는 중간 린스 또는 pH의 낮은 산 린스(pH balance)를 충분하게 하는 것으로 2제 작용이 완전하게 행해진다.
pH가 비교적 낮은 1제를 사용하고, 농도가 높은 2제를 작용시키는 경우 중간린스 과정은 필요치 않는다. rod out 후 미반응의 브롬산염과 반응한 취화물이 건조에 의해 두발 잔류 시 광택과 감촉이 나빠지기 때문에 충분한 프리 린스를 필요로 한다. 2제 브롬산염을 사용하는 데 있어서 주성분이 고농도, 강산성이 아니므로 보통처리는 10분 이상 요하며 산화 외에 특수한 성분이 들어 있지 않아 2제의 시간을 길게 두더라도 두발에 미치는 손상은 없다고 알려져 있다. 그렇지만 임상 실제 후 두발이 경화(硬化)되고 스타일링에 무리가 생겨 결과적으로 두발에 손상을 주는 원인이 발견되기도 한다.

• 과산화수소

과산화수소를 제2제에 사용하는 최대 이점은 빠른 시간 내에 탄력 있게 펌이 정착되기 때문이다. 실험에 의하면 과산화수소는 5분 이내 브롬산염은 10~15분에서 포화된다. 또 과산화수소는 그 안정성을 유지하기 위해서는 산성에서 적용해야 효과가 좋다. 제1제 처리에 따른 테스트 컬 후 pH balance를 도포, 5분 후 물로 헹궈 내는 게 제2제의 정착을 완벽하게 처리해 준다. 2제 처리에도 장점, 단점이 있으므로 특징을 충분히 이해하고 목적에 맞게 펌 용제를 선정하는 것이 중요하다. 1제 pH가 높으면 processing 처리된 두발 pH도 높아진다. 이때 과산화수소 2제를 도포하면 격심한 화학반응이 일어나고 발열과 함께 순간적

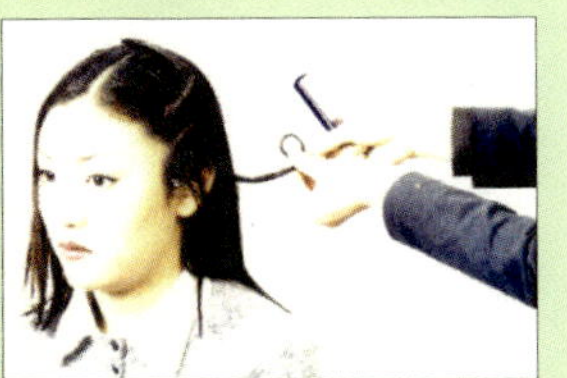

Ribboning

으로 산소가 분해됨으로써 로드 표면의 두발은 곧 산화가 종료되지만 로드 중심부인 두발 와인딩 시작 리본닝(ribboning) 부위에서는 미반응인 채로 끝날 수도 있다. 이는 두발의 길이, 베이스 폭, 컬러 크기, 두발 등에 의한 차이를 나타내며 또한 심한 산화작용은 멜라닌 색소를 파괴시킴으로써 두발색을 탈색시킬 우려가 있다. 과산화수소 2제 처리 후의 두발은 산소가 흡수되고 있으며 2제 적용 시간 과다와 린스처리가 불충분한 경우는 일광 또는 자외선 등에 의해 탈색이 된다는 연구 보고가 있다.

5. 첨가제(Addition agent)

첨가제는 용액 침투를 좋게 하거나 안정성, 사용감, 냄새 등을 좋게 하기 위해 제1제나 제2제에 첨가시키는 성분이다. 사용목적에 따라 분류되지만 일반적으로 그 수용액 내에서의 전기적 성질에 따라 4종류의 침투제와 습윤제, 유화제, 유성성분, 착색제, 향료 그 밖의 원료 등으로 분류된다.

침투제(penetrative agent)

모발에서 용제 침투를 원활하게 하기 위해 첨가되는 침투제로서 계면활성제가 사용된다. 계면활성제 역할은 액체 표면상력을 적게 하는 작용과 함께 분자 중에 친수기와 친유기를 가지고 있으며 이온성을 띤다.

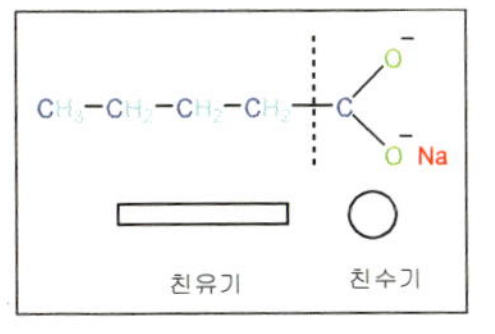

계면활성제

① 음이온 계면활성제(anionic surfactant)

친유기 부분이 음이온으로 분리하는 것으로 종류가 풍부하여 화장비누, 샴푸, 세제 등의 원료로 폭넓게 사용되고 있다.

② 양이온 계면활성제(cationic surfactant)

친유기 부분이 양이온으로 분리하는 것으로서 제4급 암모늄염이 사용된다. 양이온 계면활성제는 침투제, 유화제라고 하는 용도 이외에 대전방지제, 살균제, 유연제 등으로도 사용되고 헤어 린스나 헤어 컨디셔너 등 원료로도 사용되고 있다.

③ 양성 계면활성제(amphoteric surfactant)

양이온성과 음이온성의 양면 무리를 한 분자 속에 모은 계면활성제로 산성에서는 양이온성, 알칼리성에서는 음이온성 계면활성제이다. 양면 계면활성제에는 살균작용과 피부나 눈에 대한 자극을 약하게 하며 샴푸원료 섬유처리제 등에 사용되고 있다.

④ 비이온 계면활성제(nonionic surfactant)

이온으로 분리하지 않는 계면활성제로서 종류는 매우 다양하다. 물에 잘 녹는 것과, 물에 녹지 않는 것, 상온에서 액체인 것, 상온에서 고체인 것 등 여러 가지이다.

환경	구성	물 가운데서 친수기 상태	용도
음이온 계면활성제 (anionic surfactant)		− 이온이 된다.	샴푸, 바디비누
양이온 계면활성제 (cationic surfactant)		+ 이온이 된다.	린스, 트리트먼트제
양성 계면활성제 (dipolar surfactant)		+, − 양쪽 이온을 다 가지고 있다.	샴푸, 세안비누
비이온 계면활성제 (nonionic surfactant)		이온이 없다.	샴푸, 바디비누

습윤제(wetting agent)

두개피부나 두발에 촉촉함을 갖게 하는 습윤 작용이 있는 것이다. 동물의 근육이나 피부 등에서 얻을 수 있는 콜라젠이라는 단백질을 처리해 얻어지는 젤라틴이나 가수분해 시킨 단백질도 사용된다. 두발의 손상부위에 잘 흡착되는 성질이 있기 때문에 손상모 회복과 함께 두발을 보호하기 위해서도 사용되고 있다. 최근에는 히아루론산 같은 바이오성분이 주목된다.

유화제(emulsifying agent)

펌 용제에는 두개피부나 두발을 보호하거나 감촉을 좋게 할 목적으로 유지, 왁스, 그 밖의 성분을 첨가시킨다. 물에 녹지 않는 것이나 녹기 어려운 성분을 용해시키고, 분해시키기 위해 사용하는 성분이 유화제로서 가용화제이다.

유성성분(oil ingredient)

두발에 유분이나 영양분을 보급함으로써 두발을 용제에서 보호시킬 수 있는 동·식물유, 왁스, 광물유 등이 사용된다. 화장품 역사와 함께 오래전부터 사용해 온 양모의 지방성분인 라놀린, 올리브 열매에서 얻어지는 올리브유를 비롯해 피마자유, 카카오 유지, 면실유, 밀랍, 목납, 우지 등 동식물유가 있다.

착색제(stain agent)

화장품이나 펌 용제에 사용되는 착색제는 열, 빛, 산, 알칼리, 산화제, 환원제 등의 용제에 약하다. 특히 직사광선이나 높은 온도에 변색 또는 퇴색에 안정감을 가진 색소를 사용한다.

향료(fragrance)

천연 향료로는 식물의 꽃이나 잎 등에서 얻을 수 있는 정유나 동물에서 얻어지는 분비물을 천연 향료에 가까운 향으로서 이를 배합시킨다. 향료는 산화제나 환원제, 열 등에 약한 것이 많기 때문에 펌 용제에서의 향료는 수적으로 한정되어 있다.

그 밖의 원료

싸이오글리콜산, 시스테인, 과산화수소 등은 철, 구리, 그 밖의 금속이 약간이라도 들어가면 안정성이 현저히 나빠진다. 이러한 원인을 제거하기 위해 미량의 금속을 봉쇄하기 위해서 금속봉쇄제(ethylenediaminetetra acetic acid, EDTA)를 안정제로 첨가시키고 있다. 안정제 성분에는 이써염이나 구

tip 유화제

사용되는 것은 침투제로 설명한 계면활성제가 주역으로서 기름 입자표면에 있는 계면활성제는 친유기를 유상에 친수기를 수상에 붙인 상태에서 배열함으로써 기름입자가 집합되어 기름과 물이 따로 분리되는 것을 방지한다. 유화된 것을 에멀젼이라 부르고, 유액상이나 크림상으로서 특히 입자가 고우면 투명한 용액상이 되므로 이를 가용화라 한다. 이러한 역할은 계면활성제로서 주가 된다.

연산, 인산 등이 있다. 또한 피부 염증을 방지할 목적에서 항염증제를 가하는 경우도 있다. 항염증제는 아줄렌, 감초 추출물인 글리틸리틴, 감광소, 알란톤 등이 있지만 배합할 수 있는 양은 한정되어 있다.

6. 안전성과 법규제(Safety and the law regulation of wave solution)

화장품법 제2조 정의에 화장품이란 인체를 청결·미화하여 매력을 더하고 용모를 밝게 변화시키거나 두개피부·두발의 건강을 유지 또는 증진시키기 위한 인체에 사용되는 물품으로서 인체에 대한 작용이 경미한 것을 말한다.

화장품법

펌 용제에 대한 화장품법상의 분류는 '의약부외품'에 속해 있다. 화장품법은 의약품, 의약부외품, 화장품 및 의료용구에 대해서 품질 효능성 및 안전성을 확보하는 것을 목적으로 한다. 의약부외품은 웨이브 형성 및 축모교정에 관한 효능, 효과 및 단일·이중의 단계와 콜드·가열 및 사용 시 조제발열 등의 사용방법, 싸이오계, 시스계를 나타내는 제1제 주성분의 조합분류, 인체에 대한 작용점 등에 있다.

펌 용제 기준

화장품 법에는 보건위생상의 위해를 방지하기 위해 필요하다고 인정될 때는 의약부외품, 화장품 또는 의료용구에 대해 그 성질, 품질, 성능 등에 관해 필요한 기준을 설정할 수 있다고 규정하고 있다. 용제 기준 내용에 대해서는 상세하게 서술되어 있지만 용제 종류에서 제1제, 제2제 주제나 배합량, pH, 알칼리, 산화력, 점도, 불순물, 사용 시의 온도조건 등을 세밀히 규정하고 있다. 우리나라에서 시판하고 있는 펌 용제에 대한 품질 안정성과 안전의 확보는 매우 중요하다.

tip 안전성 심사

식품의약품 안전청장이 화장품 원료로 지정·고시한 원료가 아닌 것으로서 국내에 최초로 도입되는 원료를 함유하는 화장품을 제조 또는 수입하고자 하는 자는 제조 또는 수입 전에 그 원료의 성분에 대한 규격 및 안전성에 관하여 식품의약품 안전청장의 심사를 받아야 한다.

tip 법규제

화장품의 규격·기준 등에서 화장품의 효능·효과, 품질 등에 관한 규격과 안전성 및 유효성 등에 관한 기준을 정하여 고시할 수 있다.
화장품 용기 또는 포장 및 첨부문서에는 제품의 명칭, 제조업자 또는 수입자의 상호 및 주소, 타르색소 등 보건복지부령이 정하는 성분을 함유하는 경우 그 성분의 명칭, 내용물의 용량 또는 중량, 제조번호 및 제조년월일(식품의약품 안전청장이 지정·고시하는 화장품의 경우에는 제조년월일 대신 사용기한), 가격, 사용상의 주의사항 등 보건복지부령이 정하는 용기 또는 포장에는 명칭, 상호 및 가격 외의 기재·표시를 생략할 수 있다. 따라서 규정된 사항의 기재·표시는 다른 문자·도화 또는 도안보다 쉽게 볼 수 있는 곳에 보건복지부령이 정하는 바에 따라 읽기 쉽고 이해하기 쉬운 용어로 정확히 기재·표시하여야 한다.

펌 용제의 사용상 주의

용법이나 용량을 엄수하여 바르게 사용하지 않으면 두발이나 두개피부 등에 장애를 일으키거나 생각지 않던 사고를 일으키므로 모든 종류의 웨이브 용액에는 그 첨가 문서에 '사용상의 주의'를 기재하는 것이 의무로 붙여져 있다. 그러나 우리나라 펌 제품은 현재 이를 사용함에 있어 최소한의 주의 사항만이 첨부되어 있을 뿐이다.

특히 미용사가 되길 희망하고 공부하는 분은 첨부 문서를 소홀히 해서는 안 된다.

성분 및 사용 기한 등의 표시

의약부외품의 직접 용기에는 화장품 법에 정해진 사항을 기재해야 한다. 그중에서 특히 안전성의 확보와 관련된 사항으로서 성분명 표시와 사용 기한 표시가 있다. 성분명을 표시하는 목적은 소비자가 정보를 기초로하여 과거에 자신이 알레르기 등의 피부 장해를 일으킨 적이 있는 성분을 함유한 제품 사용을 미연에 피할 수 있도록 함이다. 그러므로 표시된 성분(표시 지정 성분)은 과거 문헌 그 외의 알레르기나 피부 장해 등을 일으킬 가능성이 있다고 지적된 것인 경우 혹은 그 우려가 있다고 생각되어진 것에 한하여 정해져 있다.

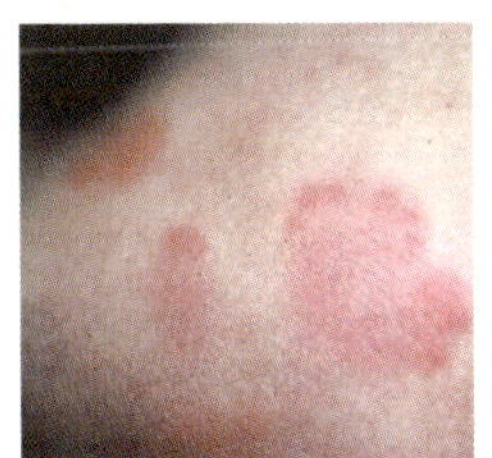

알레르기

안전 검사(safety testing)

민감성과 알레르기 반응의 발달 과정은 복잡한 생리적 과정으로서 단백질 변형이 가능한 화학물질은 잠재적 감광제(증감제)가 될 수 있다. 따라서 두발과 두개피부가 모두 난백실로 구성되어 있기 때문에 민감성을 유발하는 원인이 될 수 있다. 두개피부를 대상으로 하지 않고 두발만을 목표로 할 수 있는 체계는 계획되기가 어렵지만 개발과 펌 용제의 안전한 사용을 위해서는 정확한 사용법이 중요하다.

의약품과 화장품 중간에 위치하는 것이라 생각해도 큰 차이는 없을 것이다. 그 제조에 대해서는 의약품 나열의 엄격한 규제가 있지만 판매에 대해서는 규제가 없으므로 어디서나 누구에게나 자유롭게 판매할 수 있다. 그러나 제조에 있어서는 법이 정한 바에 의해 품목마다 판매명, 성분, 분량, 용법 및 용량, 효능 또는 효과 등에 대해서 엄밀한 심사를 받고 적절한 효능, 효과를 갖는 동시에 인체 작용에 있어서 제조승인 및 제조허가는 받아야 한다.

펌 용제의 모발미용

대부분 사람에게는 아무런 문제도 없고, 안전하게 사용되고 있는 유용한 성분을 거의 일부 사람에게만 있다고 말하는 이유로 화장품이나 의약부외품에서 사용을 금지해 버린다는 것은 불합리하지만, 생각지 않은 장애가 일어날 수 있는 가능성을 부정해서는 안 된다.

규제에 관한 미국과 일본의 예로서 미국에서 펌 용제는 1938년 음식, 약품, 화장품류의 조항 하에 화장품으로 연방 식약청(Food and Drug Administration, 21 USC)에 의해 규제되어 있으며 일본에서는 펌 용제 활성 감소제의 정체와 농도가 규제되고, 보건국(Ministry of Health)의 승인을 요구한다. 그 외 다른 나라에서도 활성화와 사용 단계에도 제한을 두지만 활성화제보다 성분 사용에 대한 규제 역시 제한시킨다. 즉 NH_3와 H_2O_2의 농도뿐만이 아니라 사용 의도나 성분 분석, 농도에 따라 붙여지는 레벨에 특정 조건과 경고를 명시하도록 규정하고 있다. 펌 용제 주제인 TGA 및 그 염류, 시스테인 및 그 염산염 등은 표시 지정 성분으로 되어 있다. 미용실 고객이 "나는 이런 성분에 알레르기가 있는데요"라고 말할 수 있도록 미용실 내에 성분표시를 고객에게 제시해야 한다. 지금부터라도 사용되는 제품 성분명을 잘 조사하는 것 또한 필요하다. 펌 용제는 모두 사용 기한을 표시하고 있지만 시판되고 있는 대부분의 상품에는 사용 기한의 표시가 되어 있지 않다. 이는 고온이나 직사광선을 피하고 적절한 조건에서 보존하면 개전(뚜껑을 열고) 전까지 3년 이상 안정하게끔 만들어져 있기 때문이다. 그러나 열어서 사용했을 시 공기 중 산소 등의 영향을 받아 변질할 수 있으므로 사용을 개시한 후에는 빨리 사용하는 것이 좋다. 물론 사용 기한이 표시되어 있는 상품에 있어서는 그 기한까지 사용하는 것이 바람직하다. 펌 용제는 냉암소에서 보존하고, 먼저 구입한 것부터 차례로 사용해야 하며 그리고 한번 오픈된 것은 될 수 있으면 빨리 사용함으로써 주의하는 것이 안정성에 관한 효과를 기대할 수 있다.

● 요약

1. 가열성(열펌)과 비가열성(콜드펌)으로 나눌 수 있는 펌은 직모를 웨이브하거나 축모를 스트레이턴드함을 말한다. 모발 미세구조인 시스틴결합의 절단과 재결합 혹은 절단과 시스테인의 결과물로 영구히 구조화함으로써 펌의 원리는 형성된다.

2. 펌 용제는 온도, pH, 알칼리도를 포함하고 있으며 일반적으로 이중단계로서 사용되며, 펌 용제 기준에 의해 9종으로 품질규격을 정하고, 5종류로서 승인 기준을 정하고 있다. 제1제는 웨이브형성과 축모교정용으로 싸이오계와 시스계를 사용하나 축모교정은 싸이오계만 사용할 수 있다. 제2제는 브롬산류나 과산화수소를 사용하나 pH나 산화력, 온도, 농도 등에는 주성분에 따라 다르게 적용된다.

3. 제1제의 주성분은 환원제($2HS \cdot CH_2COOH$)와 그 염류(알칼리제)로 구성되며 제2제는 산화제로서 과산화수소, 브롬산류가 있다.
   − 환원제는 모발 구조내 모표피를 팽윤시켜 모피질내 이황화결합을 연화시킴으로써 개열 또는 절단한다.
   − 산화제는 개열된 이황화결합을 재결합시키거나 시스테산을 생성시키기도 한다.

4. 펌 용제는 반응성 화장품인 의약품외품으로서 용제 종류에서 주제나 배합량, pH, 알칼리도, 산화력, 점도, 불순물 사용 시의 온도조건, 첨가제 등이 규정된다.

● 연습 및 탐구문제

1. 펌의 원리에 적용할 수 있는 모발의 미세구조를 도식화하여 설명하시오.
2. 웨이브 형성에 따른 결합과 재결합의 원리를 펌 용제에 적용하여 열거하시오.
3. 펌 용제를 주성분, 온도, pH, 용법, 주성분 염류에 따라 9종으로 분류하여 작성하시오.
4. 2제의 주성분 종류와 특성에 따른 산화력에 대해 설명하시오.
5. 펌 용제의 안전성과 사용상 주의점에 대해 설명하시오.

Chapter 04

Curly Hair Reform
축모 교정

● 개요

　인종적 두발 보호 제품 탄생은 20세기 초 미국에서 시작되었다. 민족 특유의 두발과 이에 따른 두발관리에서 특별히 과도하게 곱슬거리는 두발을 위해 두발 관리 제품은 인종적인 분류를 갖는다. 이는 생태학적으로 자연스럽게 구분된 아프리카계-미국인(African-American)의 두발 성질과 또 다른 인종적 제품이다. 컬리 두발(curly hair)을 가진 코카서인(Caucasians) 역시 이와 같은 두발관리 제품을 사용한다. 즉 인종적 차원보다 모질적으로 같은 제조업 측면에서 만들어진 제품은 비슷한 모질에 따라 적용하여 사용된다.

　대부분 소비자 전략 산업에서는 일반적 상품인 옷, 음식, 자동차 등을 다루는 반면 두발관리 제품에서는 일반적 시장과 민족 특유의 시장부분으로 분리 성장시켰다. 이와 같이 인종적 두발 관리 제품이 분리 성장될 수 있는 합당한 이유가 다른 모질과는 달리 손질이나 스타일링 기술과 제품제조 공법이 다르기 때문이다.

　이 장에서는 축모를 직모로 영구히 펴는 축모교정이론으로서 과도한 곱슬두발의 형태와 성질에 대한 이해를 촉진하기 위해 모피질의 구조를 다루고, 축모교정을 위한 요구사정으로서 릴렉싱과 프레싱을 개괄적인 수준에서 다루고자 한다. 아울러 모발종류에 따른 릴렉싱화학용제의 성분을 비교함으로써 펌의 화학을 다루고자 한다.

● 학습목표

1. 축모에 대한 생태·형태를 이해하고 직모와 비교하여 논할 수 있다.
2. 과도한 곱슬두발을 통해 미용전반에 대한 일반적 시장과 민족 특유의 시장에 대해 토론할 수 있다.
3. 축모를 교정하기 위해 사용되는 두발관리 제품과 기기, 시술방법 등을 열거할 수 있다.
4. 모발에 적용되는 화학적 현상을 통해 미용인에 대한 직업의 책무감을 확인할 수 있다.

● 주요 용어

과도한 곱슬두발, 축모교정, 오쏘·파라코티컬, 스트레이턴드 펌, 릴렉싱화학용제, 프레싱

축모 교정

1. 축모 교정 이론(The theory of curly hair)

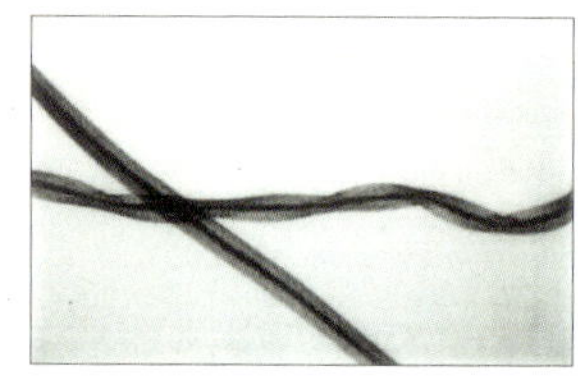

축모교정 제1제는 두발 내부질 및 중합체에 작용하는 S-S 결합을 절단시킴으로써 절단된 S⁻(란티오닌화)로서 팽윤·연화작용이 두발의 가소성을 잃게 한다.

1-1 과도한 곱슬두발(excessively curly hair)

과도한 곱슬두발

과도한 곱슬두발은 직모인 코카서인 두발보다 오쏘코티컬 세포의 비율이 더 높게 함유되어 있다.

그러므로 과도한 곱슬두발은 비틀어진 타원형으로서 신장특성에서도 응력이 낮아 두발이 쉽게 끊어진다. 이는 두발 축에 따라 비틀려진 영역들은 상대적으로 낮은 응력 또는 확장력이 있기 때문에 두개피부 또한 건조되는 경향이 코카서스인 두발과 두개피부에서 동시에 비교된다. 아프리카계-미국인 두개피부에 있는 피지선들은 종종 생동적이지 못하고 불충분한 피지량을 분비한다. 그러므로 두개피부는 건조하고 두발 줄기를 따라 분포될 수 있는 천연 오일이 적어 건조한 두발을 가지게 된다. 이에 대한 빗질 또는 브러싱 기법 같은 기계적인 방법으로 두발섬유의 엉킴을 풀어 줄 때 특히 손상되기 쉽다.

tip 모경지수

과도한 곱슬두발은 직모와 비교했을 때 아미노산 구성은 비슷하나 모간에 따라서 다양한 직경을 가지고 있으며 한 올의 두발에서도 모경지수가 다름을 나타낸다. 두발 직경에서 변화의 다양성을 가진 심한 곱슬두발은 다양한 지점에서 비틀림(twisted)을 가진다. 주사전자현미경(SEM)상 물리적 모양 검사에서 비틀린 부분의 직경은 비틀리지 않은 부분보다 매우 작음을 나타내듯 단축/장축의 비율로서 타원율을 규정지었다. 코카서인 두발 타원율은 1.4치수를 가진 것으로서 심한 곱슬두발 타원율은 이에 비하여 1.895 정도임을 광학 현미경을 사용하여 측정하였다.

종류	두발의 단면	모표피 형태 (비늘층)	모피질의 균형 (오쏘, 파라)	모수질의 단면	피지분비량
직모	원형	6~8층	오쏘, 파라-거의 균일하게 분산	원형	생동적
곱슬두발	타원형	4~6층	오쏘, 파라-가 불균일	타원형	비생동적

1-2 직모와 축모 비교

직모는 단면이 원형에 가까운 반면 축모의 단면은 타원으로 변형되어 있다. 또한 직모는 오쏘 코텍스(ortho-cortex)와 파라 코텍스(para-cortex)가 전체적으로 섞여 조화된 구조에 비하여 곱슬두발은 오쏘, 파라 두 종류의 모피질이 전체적으로 조화되지 않는 구조의 차이가 있다. 곱슬두발은 오쏘세포와 파라세포의 기울기가 원인으로서 모발의 뒤틀림이 일어나기도 한다.

직모

모표피의 형태

코카서인 두발의 모표피는 6~8개 층으로서 두꺼운 반면에 과도한 곱슬두발 모표피는 장축 끝에서 6~8층이고 단축의 끝은 비늘층이 하나에서 둘 줄어든, 변화되기 쉬운 두께를 가졌다.

축모

모피질의 성질

모피질은 오쏘와 파라의 두 종류가 있다. 종류에 따른 성분은 케라틴의 성질과 구성 물질의 차이보다 두발 성질에 차이를 나타낸다.

종류	흡습·팽윤성	시스틴 함량	축모교정제 제1제 반응	주성분	성질
오쏘코텍스	크다	적다	빠르다	간충물질	부드럽다
파라코텍스	적다	많다	느리다	섬유상물질	딱딱하다

파라 코텍스(B-코텍스, 파라세포) 내부는 마이크로피브릴의 수가 많고 간충물질의 양이 적은 데 반해서 오쏘 코텍스(A-코텍스, 오쏘세포)는 마이크로피브릴의 수가 적고 간충물질의 양이 많다는 데서 차이가 있다.

직모 역시 곱슬두발처럼 o, p-코텍스의 배합에 의해 모질이 결정된다. 오쏘 코텍스가 많은 두발은 연화되어 펌 용액 1제의 반응이 빠르나 파라 코텍스가 많은 두발은 경화되어 펌 용액 1제의 반응이 느리다.

모피질과 직모 상태의 유지

축모의 구조에서 파라 코텍스는 딱딱하고 흡수성이 나쁘기 때문에 알칼리제에 따른 팽윤도는 오쏘 코텍스보다 적다. 반면 오쏘 코텍스는 파라 코텍스보다 탄력이 있어 흡수성이 좋기 때문에 알칼리제에 의해 팽윤도 부드럽게 행해진다. 축모교정 제1제의 작용이 오쏘나 파라 코텍스에 동시 적용 시 오쏘 코텍스는 과도한 작용으로 가역성이 없어지고 편중된 연화 상태가 된다. 파라 코텍스보다 과잉 반응된 상태로 이른바 1제에 의한 오버 타임이 축모교정 제2제의 작용에서 두발의 가소성은 충분히 회복되지 않아 직모(straightened) 상태의 지속은 단기간에 상실된다.

2. 스트레이턴드 펌(Straightened perms)

과도한 곱슬두발은 프레싱 기기에 의해 풀어 줌으로(lanthionization=relaxing), 직모(straightened)가 된다.

프레싱은 과도한 곱슬두발을 높은 열, 오일, 금속기구를 이용하여 직선으로 펴지게 하는 수단이다. 이러한 기구나 제품의 변화 과정 중 여전히 기술적 변화가 없는 두발 압력 기계는 오늘날에도 컬이 없는 자연스런 모질로 변경시키는 데는 영구 불변적으로 사용되고 있다.

2-1 릴렉싱 화학 용제(chemical relaxing agent)

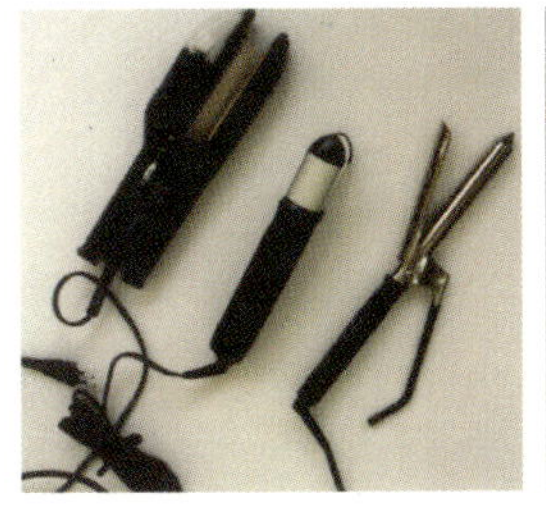
압력기계(Pressing)

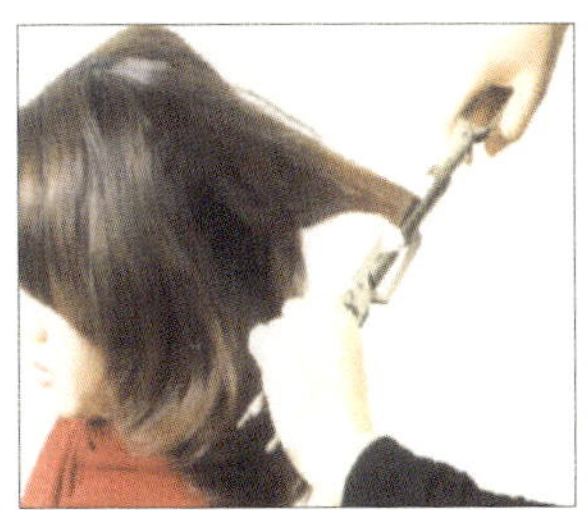
컬리 아이론 시술

두발 압력기계의 기구 역할과 결합한 원래 상태로의 복귀 문제를 제시했다. 1950년대 동안은 더 진보된 형태의 두발을 펴는 제조원료는 유화제와 지방산 알코올, 바셀린 기반인 크림을 함유한(약 3.25% NaOH) 활동적인 스트레이트 용제가 개발되었다.

1) 크림 스트레이턴드 제품(cream type relaxers)

두발 손상 상태와 모질, 두개피부 염증반응에 따라 도포시간은 제한적이지만 대략 가는 두발은 13분, 보통 두발은 15분, 굵고 저항성 두발은 18분 정도가 소요된다.

릴렉싱제의 공식

스트레이턴드 제품의 제조는 복잡한 과제로 제품 개발 시 아래와 같은 점들에 유의해야 한다.

ㄱ. 스트레이턴드 제품은 곧게 펴지게 되는 최적 상태의 효과는 13~18분 정도로 시간적 제한을 기질 수 있는 깃이 좋다.

ㄴ. 적당한 양의 오일과 바셀린은 수산화나트륨에 의한 염증에서 보호되기 위해 충분히 함유되어야 한다. 일반적인 오일 형태에는 지방산 알코올(fatty alcohol)이 35~45% 함유됨으로써 조절된다.

ㄷ. 위에서 언급했듯이 여기서 요구되는 오일 함유량은 높다. 안정한 액상화 형성에 적당량의 유화제가 함유되어야 한다. 이러한 유화제는 또한 pH 12~15의 높은 알칼리성 상태에서도 안정성을 가져야 한다.

ㄹ. 안정성 연구는 얼고-녹는 주기를 포함하는 45℃ 방의 온도에서 제조
  되어야 한다.

ㅁ. 최대한 쉽게 도포되기 위해 유연한 크림 형태로서 유연한 과정을 방
  해하는 죽 같은 모양은 되지 않아야 한다.

ㅂ. 미지근한 물에 의해 쉽게 헹궈져야 한다.

ㅅ. 브랜드 상품과 비교했을 때 인정받은 제품으로서 인장력을 감소시키
  거나 손상 두발을 만들어서는 안된다.

시술 방법의 문제점 뒷이야기

20세기에 발단된 것으로 인종 두발 관리산업에 명시된 워커(C.J Walker, 1867~1919) 부인에 의해 대중화되었다. 워커 부인은 처음에는 파상모(African-American hair)에 맞는 특별한 광택과 부드러움을 주는 연고를 개발했었다. 연고를 두발에 바르고 다음에 금속 압력계로 빗어 주거나 둥근 막대 모양의 편평한 아이론으로서 두발을 직선으로 펴는 데 사용했다. 직선으로 펴진 두발을 뜨거운 컬리 아이론 금속기계로써 곱슬거리게 만들기도 했었다.

프레싱은 역사적으로 일찍이 사용되었으며 그 도구들은 120~140℃ 정도로 집난로 위에 얹어 열을 달구어 사용하였다. 원료를 기반으로 한 프레싱 오일을 두껍게 파상모에 도포하여 스타일로서 직모로 폈다. 점차 개발된 스타일화를 위해 사용되는 도구를 살펴보면 더 좋게 디자인된 기구 및 도구들로서 combs, flat irons and curling irons과 기구를 달구기 위한 '마셀' 스토브의 발명 그리고 전기 가열 기구 역시 프레싱 오일은 더 가볍게 바르고 연기가 나지 않는 크림과 로션 타입으로 부드럽고 기름기가 없는 두발에 사용했을 때 잔류되지 않는 제품으로 향상되었다.

•판넬을 사용한 경우
무리하게 판넬을 펴서 붙이기 때문에 두발 단면에 변형이 생기며 장시간의 용액 방치에 의해 두발 내부 성분의 유실과 함께 용액 도포 후 딱딱한 합성수지 판넬에 넓게 펴 붙임으로써 손상부분이 더 손상을 받아 쉽게 단모된다.

•텐션 처리 방법
손재주, 빗질, 브러싱 등에 의해 텐션(tension)을 가해서 시술한 경우에 모표피가 손상되며 잡아당기는 힘에 견디지 못하는 두발 자체의 손상, 두발 단면의 편평화, 과도한 잡아당김에 의해 두발 필링 현상, 모수질의 절단 등을 야기한다.

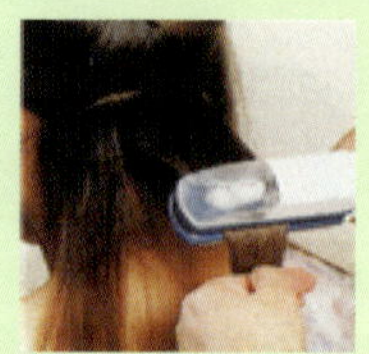

•고온 프레스로 압을 주는(pressing) 방법
필요 이상의 압에 의한 프레스에 동반하여 두발 단면의 편평화, 고온에 의한 단백질의 변성과 경화 현상을 초래한다.

•고온 프레스 처리
스트레이턴드 펌과 관련된 여러 방법이 고안되어져 시험되어 왔다. 시험 결과 웨이브 용제의 작용에 따른 두발에서의 팽윤·연화, 환원·산화과정에 있어서 특별한 변화는 보이지 않았다. 1998년 이후 고온처리 방식이 주류를 이루면서 시술 직후는 직모 상태로 있지만 시간의 경과와 함께 곱슬두발이 드러난다는 지속성의 문제를 들 수 있다.

2) 알칼리제 스트레이턴드 제품(lye relaxers)

알칼리제기반을 둔 스트레이턴드 제품은 일반적으로 수산화나트륨이 활성 스트레이턴드제로 함유되어 있다. 전형적인 제조공식은 30~35% 바세린 또는 미네랄 오일, 6~10% 농축된 지방산 알코올, 2.5~4% 알칼리 상태 유화제, 1.85~2.40% 활성 수산화나트륨과 100% 용액으로서 나머지 물의 양이 포함된다. 온화한 스트레이트 제품은 1.85~2%, 수산화나트륨의 농축액과 2.02~2.20%의 보통 세기, 그리고 2.25~2.40%의 저항력 있는 세기를 포함하고 있다. 온화하고, 보통 그리고 저항성을 가질 수 있는 세기는 가늘거나 보통이거나 강한 모질인 두발 각각에서의 펴기에 사용되었다.

〈표 5〉 스트레이턴드제의 성분비교

구분 ＼ 종류	NaOH	바세린 (또는 미네랄오일)	지방산 알코올	유화제	물
온화	1,85~2	30~35	6~10	2,5~4	59,65~49
보통	2,02~2,20	30~35	6~10	2,5~4	59,48~48,80
강한	2,25~2,40	30~35	6~10	2,5~4	59,25~48,60

3) 알칼리 성분이 없는 스트레이턴드 제품(no-lye relaxers)

알칼리가 없는 스트레이트 제품은 일반적으로 2가지 성분(A, B)으로서 성분 A는 보통 수산화칼슘을 함유하는 크림, 물, 오일, 액상화와 농축이며 성분 B는 탄산요소의 농축 용액이다. 성분에서 A+B일 때 수산화요소가 생성된다.

일반적으로 성분 A 크림상은 5%의 수산화칼슘을 함유하며 성분 B 활성제는 물속에 25% 농도의 탄산요소가 함유되어 있다. 성분 A와 성분 B의 혼합 비율은 3.28:1로서 신선하게 준비된 수산화요소 크림(no-lye)은 알칼리제 스트레이트 제품과 같은 방식으로 두발에 도포한다. 한 번에 두 성분을 섞어서 사용한다. 수산화물 요소는 화학적으로 성분변성을 가지므로 이를 피하기 위해서 뚜껑을 개봉한 후에는 빨리 사용하여야 한다.

3. 과도한 곱슬두발의 웨이브펌 이론(The theory of wave perm of excessively curly hair)

1970년 후반 하룻밤 사이 갑자기 퍼머넌트 웨이빙에 대한 생각이 대중적이 되었다. 그러므로 아프리카계-미국인의 헤어스타일인 퍼머넌트 웨이브를 "curly perms"라고 불렀으며 그들의 두발은 펌된 뒤 컬리(curly)되어 곱슬곱슬하게 지져진 모양과 두발에서 수분이 없는 건조한 상태를 남겼다.

3-1 과도한 곱슬두발에 펌의 화학

과도한 곱슬두발 펌 과정의 화학은 코카서스인 두발 펌 과정과 아주 유사하다. curly hair는 처음에 pH 9.3~9.5의 $TGANH_4$를 함유한 크림을 사용하여 펴고, 그리고 나서 5% $TGANH_4$를 포함한 로션으로 재처리한 후 컬러 위에 두발을 감는다. 한번 S-모양 컬이 형성된 후에는 제1액은 헹구고, pH 6.5~7의 10~13% 중화제를 사용하여 산화시킨다.

3-2 과도한 곱슬두발의 펌 방법

과도한 곱슬두발의 퍼머넌트 웨이빙은 일반적으로 3단계로 처리한다.

- **pH 9.3~9.5에 맞추어진 높은 농도의 TGA NH₄를 함유한 환원크림을 방금 샴푸된 두발에서 신생모 부분에 도포한다.**

이는 강하고 직모로 된 두발에 **perms curler**를 와인딩시키기 위한 준비로서 두발에 대한 팽윤 연화 과정이다. 두 가지 세기의 농도로서 보통 세기의 크림은 직선적인 가는 두발과 보통 두발 그리고 염색된 두발을 위한 pH 9.3에서 활성 TGA 6.9~7.1%를 함유시켜 조제하였다. 강한 세기의 크림은 강한 저항성을 가진 직선 두발을 위해 적정 pH 9.3에서 활성 TGA 7.3~7.5%를 함유하고 있다.

- **환원크림으로 과도한 곱슬두발을 한 번 펴고 그 뒤 헹궈 낸 후 촉진제 또는 환원 로션을 도포하여 희망하는 웨이브 폭이 형성될 수 있는 로드**

를 선택하여 두발에 감은 후 15~20분 동안 가열된 드라이기 아래서 화
학작용이 처치된다.

화학적 시술 처리 과정이 된 후 몇몇의 로드는 테스트 컬이라는 과정으로
서 연화된 두발 형상으로 컬 지름만큼 "S"모양의 형태를 확인하기 위해 로
드에서 ⅔ 정도 풀어 확인해 본 후, 두발에 **pH balance**을 도포 5분 후에 헹군
다. 컬 활성제(curl booster) 또는 제1제인 환원제는 적정 **pH 9**에서 TGA
3.6~4.%를 함유하고 있다.

• **브롬산나트륨**($NaBrO_3$)**을 함유한 중화제 또는 산화제는 두발에 도포한
후 15~20분 정도 방치한다.** 로드를 제거하고 두발을 헹군다. 중화제는
적정 **pH 6.8**에서 브롬산나트륨 10~13%를 함유한다.

이런 종류의 두발은 보통 검은색으로서 브롬산 나트륨 중화제는 두발의
자연색을 드러내지 못하므로 과도한 곱슬두발에 사용하는 게 바람직하나
H_2O_2를 기초로 한 중화제를 쓰는 것도 가능하다.

3-3 중화샴푸(neutralizing shampoo)

알칼리 금속 수산화물 또는 수산화요소를 함유하는 모든 스트레이트 펌
1제 용제 사용에 의해 **pH**가 아주 높은 상태로 두발에 사용된다. 이 단계에
서 두발은 높은 알칼리 상태가 된다. 제2제 도포를 하기 전에 **pH balance**를
사용하여 **pH 4.5~5.5** 두발의 등전가로 돌리기 위해 중화 샴푸를 반드시 해
야 한다. 이는 일반적으로 크림 스트레이트 제품을 사용한 후에는 반드시
두발로부터 헹궈 낸다. 중화 샴푸는 자연상태에서는 산성이며, 일반적으로
pH 4.5~6로서 두발 등전가 상태로 되돌리는 과정과 엉김 방지 컨디셔닝의
역할을 한다.

축모교정에서의 웨이브펌 뒷이야기

•새로 자란 버진헤어를 위해 매 12주(3개월)마다 새로이 펌을 해야 한다.
이때 앞선 컬된 기염부 두발 역시 **pH 9**에서 4%의 **TGA**를 함유한 와인딩 전용 액으로 또한 버진헤어
와 같이 처리되었다. 이와 같이 새로 자란 부분 신생모와 컬된 기염 부분의 구별 없이 일정한 농도와

pH에 의해 처리된 두발에서 기염부의 컬이 된 두발은 추가적으로 시스틴 결합을 잃고 큰 손상을 입었다. 이러할 때 기염부의 반복적으로 펌된 두발은 매우 건조했으며 두발 끝은 쭉 뻗어지고 실오라기처럼 늘어지거나 끊어지기도 했다.

•TGA NH₄는 지나치게 과도한 곱슬거림에 의해 두발과 두개 피부를 극단적으로 건조시킨다.
두발과 두개피부 보습제로서 소비자들은 글리세린이 풍부한 크림이나 로션을 다량 사용하였으며 여기에다 헤어스프레이를 매일 기본적으로 도포했다. 이 제품으로 인하여 두발은 끈적이고 윤기 나는 느낌을 주었다.

•헤어스타일 변화는 curly 또는 wavy looks에 제한적이다.
매끄럽고 광택나는 스타일이 대중화되었을 때, 웨이브가 형성된 펌된 두발은 펴진(relaxed hair) 두발같이 변화를 만들 수가 없었다. 이 같은 심각한 사태로 펌된 두발은 과도한 손상 없이는 수산화나트륨 또는 수산화요소의 스트레이트 제품제조에 의해 펴질 수가 없었다. 그러므로 소비자들은 두발을 충분히 기른 다음, 펌된 일부 두발을 제거하고 난 후 릴렉싱을 해야만 했다. 산화 환원반응으로 알려진 펌 시술과정은 두 개의 기본 현상을 가지고 있다. 환원 과정의 두발은 두 단계로서 첫째, 새롭게 자란 곱슬한 두발 부분은 TGA NH₄를 포함한 재정렬시키는 또한 환원크림을 사용하여 두발을 직선으로 폈을 때 새로 자란 두발의 20%가 시스틴 결합을 시스테인으로 변화한다.

•두 번째 환원단계에서 새롭게 펴진 두발과 이전에 펌된 촉진제 또는 4% TGA를 함유하고 있는 환원로션으로 처리한다.
이 과정 단계에서 시스틴 결합의 40% 정도는 시스테인 결합으로 환원할 수 있다. 이는 두발에서의 새로운 원자배열에 원인이 있음을 추측할 수 있다. 새로운 원자 배열에다 산화과정은 환원된 상태인 시스틴결합 단절의 80~90%(—SH · HS—)는 새롭게 재배열된 상태에서 새로운 컬 형태로 고정된다.

● 요약

1. 과도한 곱슬두발은 모피질 내에 존재하는 파라 코티컬보다 오쏘코티컬 세포의 비율이 더 높게 함유됨으로써 이중구조를 형성하며 모표피의 비늘층구조에도 직모와 다르게 분포되며, 모낭 내 영역에서도 모구부가 심하게 굽어 있다. 이러한 이유에 의해 스타일링 기술과 제품제조 공법이 인종 특유의 시장을 형성한다.

2. 스트레이턴트펌은 릴렉싱이라고도 한다. 펌의 원리는 이황화 결합이 란티오닌화됨으로써 컬이 없는 상태로 보이는, 즉 비가역성의 화학변성으로서 시스테산의 형성이 이루어짐을 갖는다.

3. 릴렉싱제품은 두발손상도, 모질, 두개피부 염증 반응상태에 따라 도포시간이 정해진다. 즉 가는 두발 13분, 보통 두발 15분, 굵고 저항성 두발은 18분 등으로 환원처리된다.

4. 릴렉싱제품은 크림타입, 알칼리제, 알칼리성분이 없는 것 등으로 구분된다. 알칼리제 스트레이턴드(lye relaxers)는 바세린 또는 미네랄오일, 지방산 알코올, 유화제, 수산화나트륨, 물 등의 성분함량에 따라 모질에 적용된다.

● 연습 및 탐구문제

1. 직모와 축모의 차이를 생태학적·형태학적으로 특징을 비교하여 설명하시오.
2. 스트레이턴드 펌과 스트레이트 펌에 대해 기본원리를 설명하고 이러한 원리가 적용되는 모질에 대해 설명하시오.
3. 모질, 두발손상도, 두개피부 염증 반응상태에 따라 도포시간과 모질에 대해 비교 열거하시오.
4. 모질에 따른 릴렉싱제품의 타입과 성분을 구체적으로 작성하시오.

An Actual State of
Perm Molding Design
펌 몰딩 디자인의 실제

● 개요

모질·용제·기술은 펌을 구성하는 세 가지 요소이다.

이 장에서는 모질과 용제를 이용한 실제부분으로서 손에 익은 훈련이 요구된다.

시술과정의 절차(두개피 진단, 펌몰딩 결정, 용제의 선정, 와인딩, 프로세싱, 테스트 컬, 산균형, 산화제 등)와 아울러 기초 시술과정에 따른 특징, 몰딩기법으로서 기초몰딩(rod, pressing, straightened)과 응용 펌 몰딩 기법에 따른 작업공정뿐만 아니라 절차 등의 작업화를 다루고자 한다.

● 학습목표

1. 펌에서의 디자인을 이해하기 위해 시술과정을 설명할 수 있다.
2. 기초 펌을 위해 블로킹과 와인딩을 통해 9등분 또는 10등분의 구형로드몰딩을 할 수 있다.
3. 컬리아이론과 프레싱기를 응용한 펌을 비교 설명할 수 있다.
4. 응용펌에 따른 확장, 무게지역확장, 윤곽, 혼합, 벽돌형, 장방형, 원형, 위빙 등의 몰딩을 오리지널 셋으로 구분하여 그 특징을 작성할 수 있다.

● 주요 용어

펌몰딩, 프로세싱, 산린스, 구형·윤곽·확장·벽돌형·장방형·원형·위빙 로드몰딩

펌 몰딩 디자인의 실제

1. 시술과정(Operating process)

정상모(virgin hair)에 물리적·화학적 처리 등을 이용하여 모발 본래 성질을 변형시켜 웨이브 또는 란티오닌화함으로써 인위적으로 펌 스타일을 형성한다. 펌이 갖는 꾸밈(make-up)은 굵은 두발에 스템을 설정하여 버릇모를 손질하기 쉽게 변형하거나 가는 두발에 볼륨을 주어서 모발숱이 많아 보이게 하거나 축모를 직모로 펴서 단정하게 함으로써 인상을 부드럽게 또는 풍성하게 보이도록 한다. 그러나 펌의 가장 중요한 역할은 헤어컷을 보완시키는 작업이다. 이러할 때 시술과정은 다음과 같다.

두개피 모발 진단에 따른 펌 시술

두발은 투명, 습윤, 광택, 마찰에 대한 강도를 나타내는 모표피와 두발의 성질을 나타내면서 탄력, 강도, 감촉, 질감, 색상을 좌우하는 부분인 모피질, 그리고 두발이 생존하는 데 중요한 역할을 하는 모수질로 나눌 수 있다. 이에 두발종류는 다양해진다. 두발을 시진, 촉진, 문진으로 진단하고자 할 때 먼저 다공성모, 발수성모, 지루성모, 건강모 등을 분류할 수 있다. 두발분류에 따라 펌 시술 시 요구되는 전처리, 후처리의 가능 여부뿐만 아니라 용제선정과 로드몰딩에 따른 와인딩 방법, 고객의 라이프스타일(lifestyle)에 따른 선호도 및 기호도를 반드시 참고하여야 한다.

펌 몰딩결정

고객 의사를 존중하며 라이프스타일(lifestyie)에 따른 미용사(professional cosmetologist)의 권유와 판단을 보충시킬 미용잡지나 카탈로그 등을 참조하여 모발 조형디자인에 따른 펌 몰딩패턴을 선정한다.

두발처치(hair treatment)

정상모가 아닌 염색모나 펌 처리 두발은 반드시 트리트먼트를 한 후 펌을 시술해야 한다. 아는 다공성이 된 모피질에 인공적인 P.P.T. 제품을 채워 넣은 뒤에 웨이브 용제 처리를 하면 더 이상 부가되는 손상을 예방 또는 처리가 가능하다.

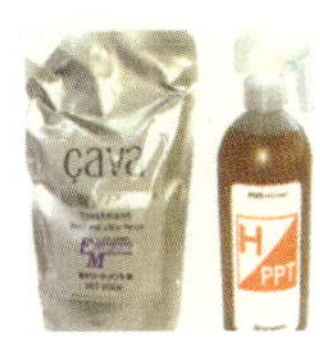

프레샴푸잉(Pre shampooing)

알칼리성분이 강한 샴푸제는 두개피의 지방을 지나치게 제거하므로 식물성 허벌 샴푸나 펌 전용 샴푸로서 두개피부에 자극을 주지 않도록 한다. 머리카락을 비비지 말고 모표피 층의 박리를 막기 위해 손가락 완충면으로 가볍게 도포하거나 문지른다(manipulation). 이렇게 함으로써 모표피 층을 덮고 있던 먼지나 금속류, 지질 등에 따른 불순물 제거와 함께 웨이브 형성력을 도와준다.

타월 건조(towel drying)

샴푸 후 두발의 물기를 제거하기 위해 타월로 건조시킨다. 건조방법은 타월을 상·하·좌·우의 방향으로 움직이면서 두발을 건조시킨다. 이때 두발 내 물기제거가 제대로 되지 않으면 웨이브 로션이 갖는 팽윤, 연화 과정 중 웨이브 로션 농도를 묽게 할 우려가 있다. 반면 지나친 건조 역시 시술시 좋지 않다. 훌륭한 시술이 되기 위해서는 적당한 수분이 유지된 두발의 상태가 요구된다.

프레 헤어컷(pre haircut)

두개머리형에 따라 머리모양을 바꾸어야 할 때, 즉 두발 길이에 있어서 long→midium, long→high midium 등으로 변화를 많이 주어야 할 때는 두발을 자른(cuting) 후에 시술하는 것이 웨이브 형성 효과를 살릴 수 있다. 모발 끝처리로서 약간 고르는 식의 자르기일 경우 먼저 시술하고 난 후에 자르는 것이 약간의 두발 손상은 막을 수 있다.

용제의 선정(choice of perm agent)

전문제품의 설명서에 맞추어서 싸이오 타입(chio type)과 시스 타입(cys type)을 선정해야 한다. 염색모, 건강모, 손상모 등으로써 용제는 분류되고 있다.

로드의 선정(choice of rod)

로드 크기나 재질에 의해 웨이브 형성력의 크기와 강약이 반영된다. 두발 질감 진단에 의한 로드 선정이 필요하다. 같은 폭의 로드를 섞어서 와인딩하면 두발이 갖는 부피감에 강약을 조절할 수 있다. 가는 두발은 베이스 섹션을 크게 하고 로드 크기에 있어서 굵은 것을 이용하여 on base에서 free base 정도의 각도를 많이 주어(90°~135°) 와인딩한다. 머리숱이 많은 센 두발은 로드를 큰 것을 사용하고 베이스섹션은 적게 잡고 시술각에 따른 half off base 정도의 각도(40°~0°)로서 와인딩한다. 저항성모는 와인딩 시 긴장력(tension)을 많이 주어서 감는다. 두발 길이, 모질, 몰딩 종류에 따라서 로드는 선정한다.

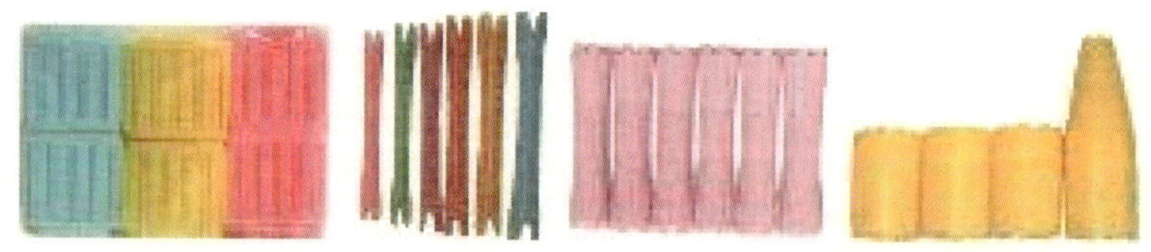

두발 가름(hair parting)

all back, side part, center part 등이 있으며 고객의 펌몰딩 패턴이나 얼굴형, 이마 등 발제선에 따라 7:3, 4:6, 5:5 등의 파팅선을 달리한다.

로드 와인딩(rod winding)

굵은 두발은 용액을 도포한 후 10분간 연화 전처리 후 와인딩하는 직접 와인딩 기법과 손상된 모, 염색모, 가는 두발 등은 용액 대신 물을 먼저 두발에 분무 후 와인딩하는 간접 와인딩 기법이 있다.

타월 터번(towel turban)

얼굴 발제선(face line)에 보호용 타월이나 터번을 감싼다. 이는 제1제 도포 후 산소와의 접촉과 환원제 휘발을 막기 위하거나 일정 온도유지 또는 얼굴에 흘러내리는 용액으로 부터 자극을 보호하기 위해서이다.

비닐캡 처리(vinyl cap treatment)

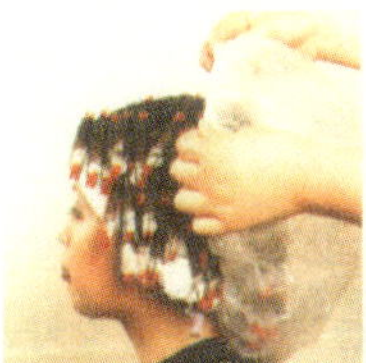
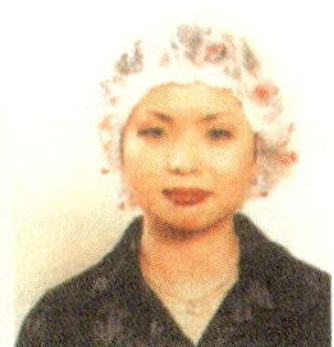

로드 와인딩된 펌 몰딩 시 가볍게 물 스프레이로 분무한 후(용액의 침투를 줄게 하기 위해) 제1액은 와인딩이 끝난 로드부터 도포해서 들어간다. 골고루 도포가 끝나면 비닐 캡으로 공기 중 산소와

접촉이 되지 않도록 덮어씌운다. 이때 캡을 씌우는 이유는 환원(H)작용에 의해 제1제의 휘발을 방지함으로써 모표피 층의 팽윤과 모피질 내 S-S결합의 연화 작용을 원활히 하기 위해서이다.

열처리(heal treatment)

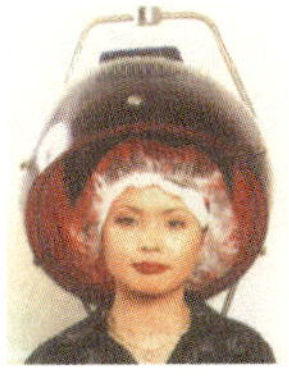

펌 용제에서 가온 방식일 경우에만 열 기기(45~60℃)를 사용하여 가열처리(7~10분)한다. 이는 열이 화학반응의 촉매 작용으로써 자연방치 시간 20분 정도를 단축시킬 수 있다.

프로세싱(processing)

비닐캡을 씌운 후 1액 도포 후 팽윤, 연화 작용과정에 있어서 두발의 시스틴 결합의 환원에 요구되는 시간이다.

테스트 컬(test curl)

두발에서의 팽윤, 연화상태를 확인한
다. 처음 로드 와인딩 부분과 후두부, 마
지막 로드 와인딩 양측 부분으로 나누어
3부분 정도 테스트해 본다. 테스트하는 모
다발은 로드에 와인딩된 고무줄을 모간

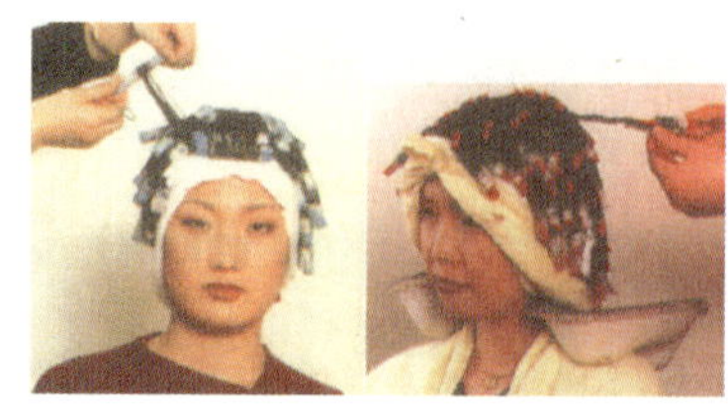

줄기 2/3 부분 정도까지 풀어서 연화된 컬(curl)의 형태를 앞뒤로 느슨하게
하거나 당겨 보면서 연화된 정도를 체크한다.

산린스(pH balance)

펌제가 갖는 알칼리도를 중화시키기 위하여 pH 2~4 정도의 pH balance를
몰딩된 두발에 도포한 후 2~3분 후에 산화제를 도포한다. 이때 물로 중간 세
척을 하면 알칼리에 팽윤되어 있던 두발은 삼투현상에 의해 손상이 더 커지
므로 반드시 pH balance를 이용해야 한다.

산화제(oxidizating)

제2액 도포 후 10분 정도 방치한 다음 한 번 더 재도포한다. 방치시간은
15~20분 정도로서 거품중화를 할 때보다 산화제 자체를 직접 도포했을 때
손실량이 더 많다. 분무기에 담아 분무하면 포말이 공중에 떠다니므로 인체
에 해롭기도 하며, 두발 전체에 충분한 산화효과를 얻지 못한다.

 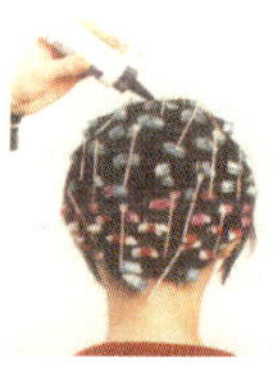 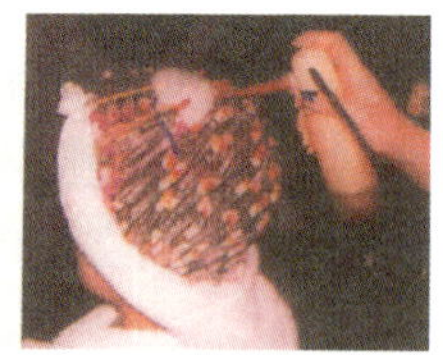

로드제거(rod out)

두개피 내 로드 몰딩된 상태에서 전발→양빈→포의 두발 순서로 풀어 준
다. 로드 몰딩이 갖는 형태를 잡으면서 풀어 주면 원하는 펌 패턴의 분위기
를 더 많이 낼 수 있다.

헹구기(rinsing)

산성린스로서 헹구어 주면 모표피 층이 갖는 아스트리젠트 효과(열려진 모표피를 닫아 줌)와 제1액에 의해서 두발에 72시간 지속되는 알칼리 잔류를 말끔히 제거할 수 있으며, 등전대로 되돌릴 수 있다.

리셋(reset)

고객이 원하는 머리형태(hairdo)로서 로드몰딩이 갖는 펌 디자인 패턴을 빗질로서 형성시킨 후 5~10분 정도 열처리 후 콤아웃(comdout)함으로써 작업을 마무리한다.

1-1 펌 시술 시 필요한 도구 및 기초 시술 과정

펌 용제, 샴푸제, 산성린스, 작은 주걱(applicaror), 가운(clothes), 타월(towel), 꼬리빗(rat tail comb), 로드(rod), 스틱(stick), 고무밴딩(replacement rubber), 앤드 페이퍼(end paper), 비닐캡(vinyl cup), 스포이드(spoed), 타월 터번(hair band), 열기구(permanent wave computer), 프레스(press), 컬리 아이론(curly iron)

1) 빗 쥐는 방법에 따른 빗질 방법

• 오른손의 엄지와 검지를 빗몸과 빗꼬리 경계선인 축회점(pivot point)을 잡는다.

• 빗꼬리로 베이스섹션을 만든다.

• 왼손인지(검지)는 베이스섹션 폭만큼 잣대로 대고 있다가 오른쪽 꼬리빗이 두개피 위를 파팅함으로써 맞닥트려서 베이스섹션이 이루어진다.

• 베이스섹션 폭이 꼬리빗으로 갈라서 폭이 치켜들 때 왼손의 인지와 모지는 빗 등에 올려져 있는 모다발을 집으며 꼬리빗을 뺀다.

• 모다발의 베이스섹션 가까이의 모근에 빗살을 갖다 대고 왼손에 쥐고 있던 모다발에 시술각도를 임의대로 부여하여 빗질(combing)을 시도한다.

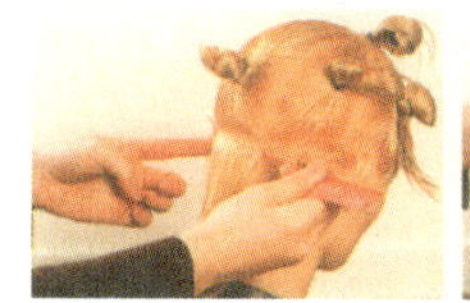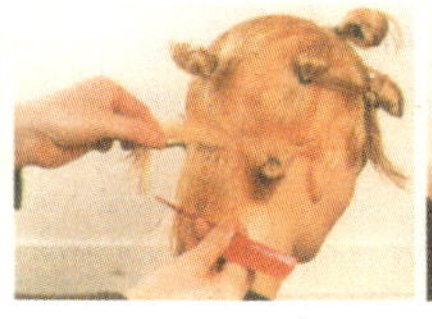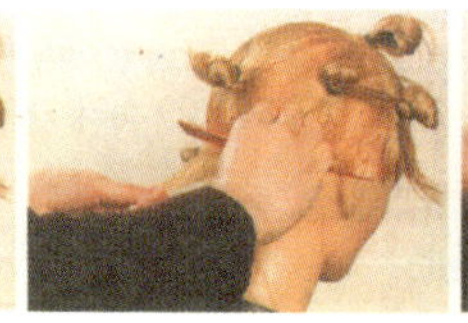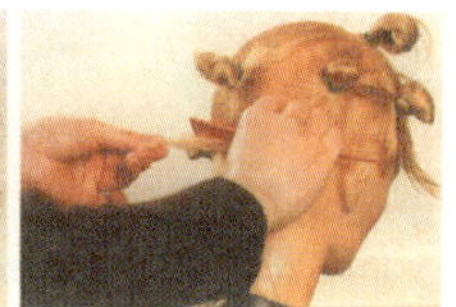

빗질방법

2) 엔드페이퍼(end paper)

엔드페이퍼는 모다발 끝을 감싸서 딱딱한 플라스틱 로드로부터 천연의 모질을 보호하기 위해 반드시 필요하다. 두발 손상정도에 따라 두 겹으로 접을 수도 있으며 한 겹의 페이퍼를 사용하더라도 두발이 로드에 직접 닿는 것을 막기 위해 모다발 보호지로 사용된다. 물론 와인딩 시 편리함도 주며, 용액의 흡수에 직접적인 자극을 피하기 위해서도 필요하다.

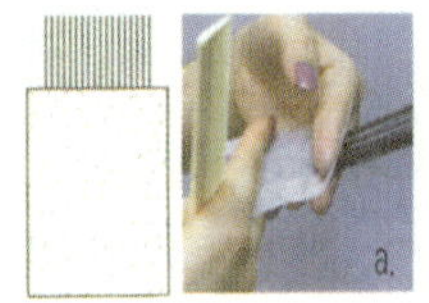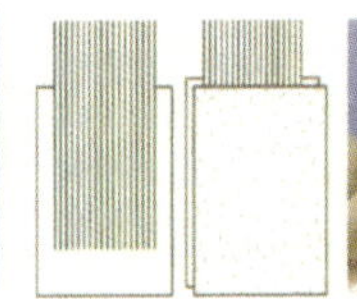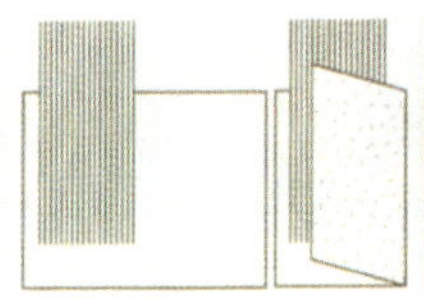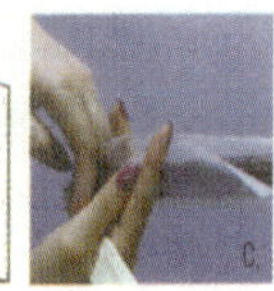

a. 1장으로 사용. b. 2장으로 사용. c. 반으로 접어 앤드페이퍼 사용.

3) 고무밴딩(replacement rudder)

고무밴딩은 로드에 컬리스된 두발을 고정시키기 위해 사용된다. 모다발의 베이스에 자극을 주거나 펌 용액이 도포 시 고이게 해서도 안 된다. 고무밴딩 자국에 의해서 두발은 손상을 받거나 심하면 두발이 끊기게 된다. 그러므로 십일자 고무밴딩보다 각기식이나 장구식으로 튕겨 주는 게 좋으며 롤스트레이트 펌 시 엑스식 십일자식도 무난하다.

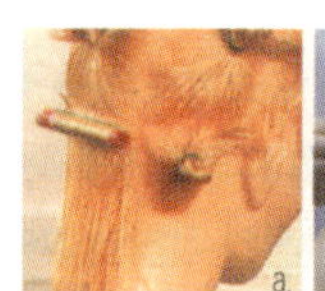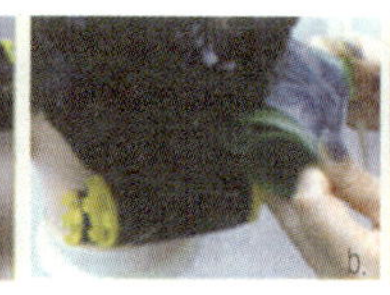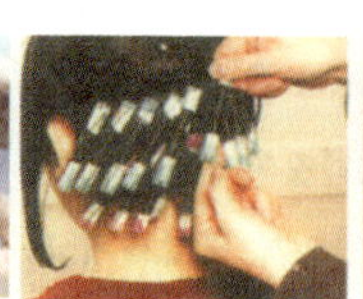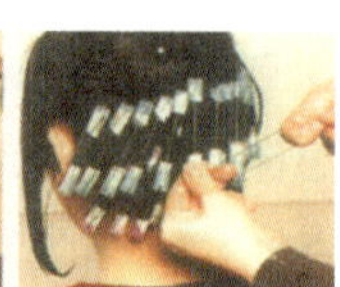

a. 십일자 고무 밴딩 b. 각기식 고무 밴딩 c. 장구식 고무 밴딩

4) 로드의 선정

　두발 진단에 의해서 용제의 효과와 온도(습도) 등을 기초로 해서 원하는
펌 패턴의 형상과 두발 길이에 따른 형태, 로드 재질, 로드 크기를 종합 판단
하여 선정되어진다.

- 재질이 강한 로드는 강한 탄성이 요구되는 모질감(texture)
  을 형성시킨다.
- 재질이 부드러운 로드는 부드러운 탄성이 요구되는 모질
  감을 형성시킨다.
- 탄성이 있는 로드는 모질감 형성에 있어서 또렷하면서 부
  드럽게 형성시킨다.
- 표면에 골을 가진 로드는 용제의 보유력을 가지며 사선,
  직선 등의 로드 표면 형상에 따라 모질감이 갖는 감각이
  다르다.

5) 로드몰딩과 두발의 물리성

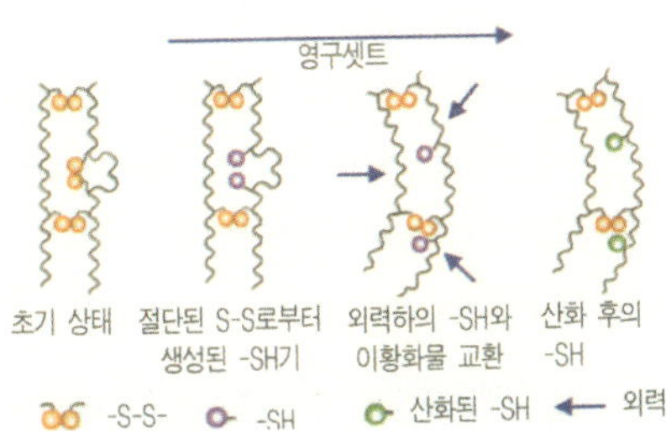

　일반적으로 두발의 가로 단면은 원
형에 가까운 형을 가지고 있지만, 로
드 몰딩에 따른 웨이브 효과는 좀 더
타원형으로 변형시키는 것에 의해 만
들어진다. 로드는 두발 형태를 변형
시키기 위한 물리적 수단으로서 사용
된다. 웨이브 로션에서의 알칼리 성분은 모표피를 팽윤시키며 웨이브로션의
환원제는 모피질의 시스틴 결합을 연화시킨다. 모다발에 와인딩되는 긴장력
은 내측과 외측을 형성시킴으로써 타원형으로 고정된 웨이브가 형성된다.
즉 로드에 감겨져 있는 모다발의 바깥쪽은 안쪽인 로드에 접촉되어 있는 면
보다 늘어져 어긋나면서 비틀려 편평하게 된다. 바깥쪽과 안쪽의 비틀어짐
의 차이는 로드의 종류나 크기에 따라 다르며 모질 또는 모다발의 굵기가
가진 베이스섹션에 따라 다르다. 크기가 작은 로드를 사용하여 모다발에 와

인딩 시술 시 웨이브 형성력과 효과는 강한 질감을 형성 시킨다. 즉 웨이브력이 크다는 것은 비틀어짐과 편평하게 되는 정도에 의한 것이다.

6) 펌 용제의 선택

펌 용제는 화학적으로 두발을 변성시키고 두발에 가소성과 탄력을 준다. 웨이브 용제의 순하고 강함이 웨이브 형성력에 있어서 효과를 크다·적다를 결정시키는 것만이 아니다. 펌 용제의 선택은 본래 두발이 갖는 질감을 진단한 다음 상태에 따라 적절한 것을 선택하고 웨이브의 강·약은 로드의 직경이나 베이스섹션과 베이스폭에 의해 대·소가 결정된다.

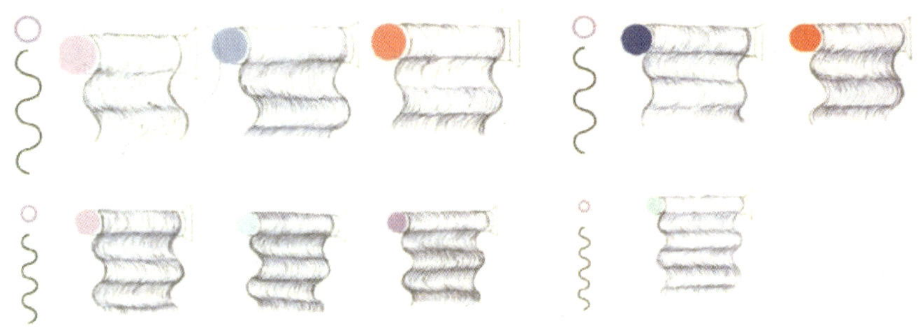

로드의 직경에 따른 웨이브의 대·소

2. 기초 펌 몰딩 기법(Techniques of basic perm molding)

2-1 구형 로드몰딩(rectangle rod molding)

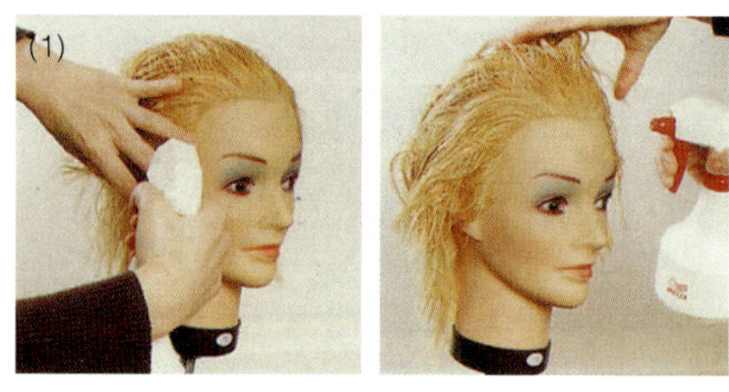

(1) 마네킹의 얼굴에 물이 튀지 않도록 모근을 향해서 **water spray**를 한다. 스프레이를 두발에 너무 가깝게 분무하면 한 곳에 물이 집중되어 경

부(목) 쪽으로 흘러 옷을 적실 가능성이 있으며, 너무 멀리에서 분무하면 분산되어 주변으로 물이 튀기 쉽다. 스프레이는 두개피로부터 15~20cm 정도 떨어져 분무하는 게 적당하다. 적당히 분무되어 젖어 있는 두발을 타월로 닦아서 시술과정 중에 물이 떨어지지 않도록 한다.

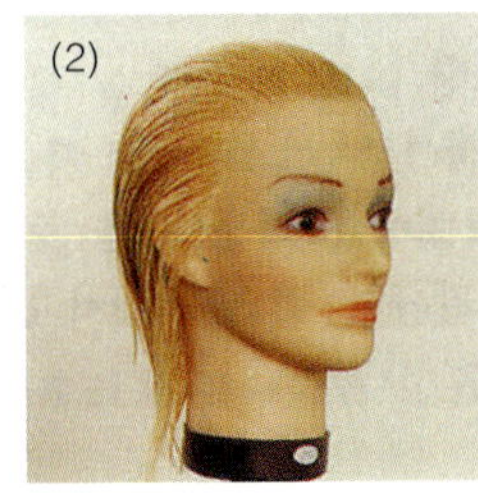 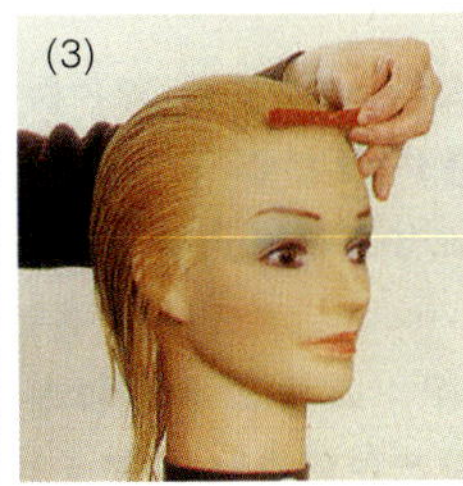 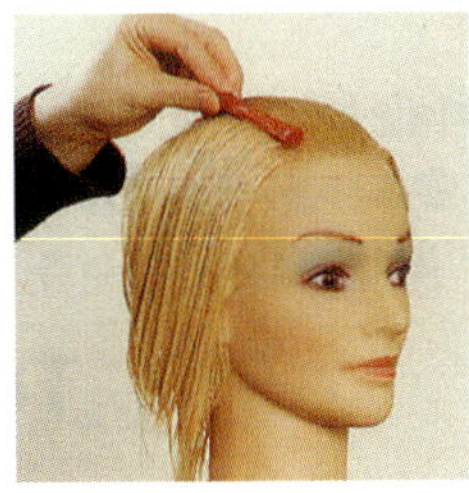

(2) 젖어 있는 두발을 꼬리빗(rattail comb)으로 down-shaping 하여 모양을 다듬(shaping)는다.

(3) 다듬은 후 8호 로드를 기준 잣대로 하여 전두부의 전발부터 블록한다. 꼬리빗으로 C.P를 중심으로 8호 로드로 R과 L폭을 똑같이 잡아서 가로×세로 폭의 영역을 형성시킨다.

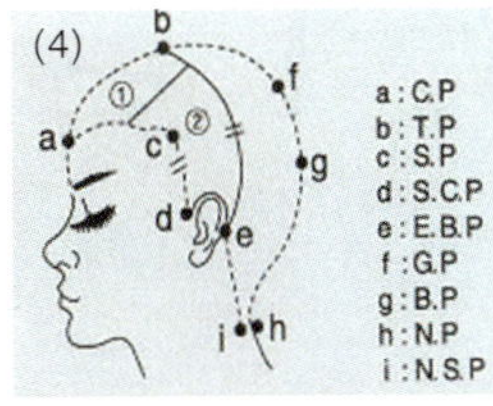 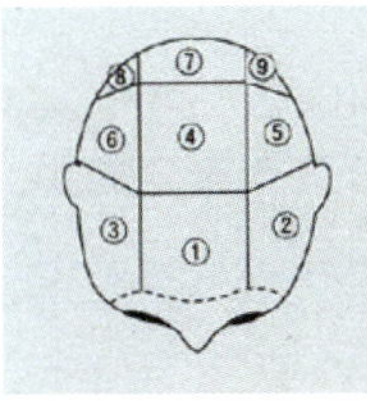  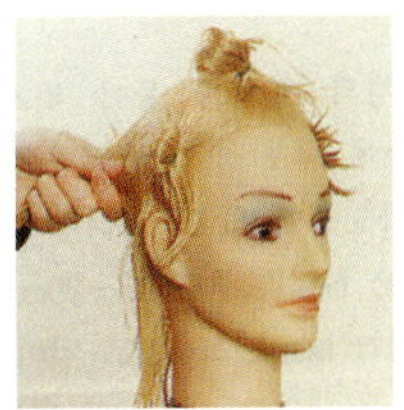

(4) 블록을 만드는 순서는 ①→②→③→④→⑤→⑥→⑦→⑧→⑨로서 ②와 ③, ⑤와 ⑥, ⑧과 ⑨는 어느 쪽을 먼저 영역화시켜도 상관없다. 그림의 "‿" 표시는 양쪽 폭의 똑같음을 나타낸다. ②와 ③에서 영역을 나눌 때 주의할 점은 발제선이 둥그므로 파팅을 나눌 때 직선보다 발제선의 폭을 둥글게 하면서 왼손의 인지손가락 완충면을 E.B.P에 대고 부분과 만나는 점으로 해서 파팅선을 연결시킨다.

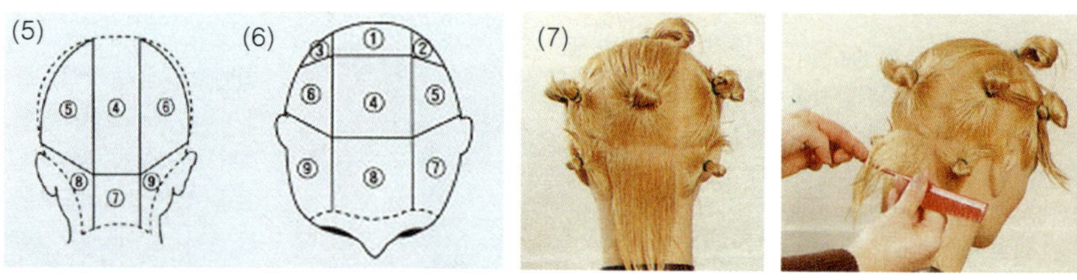

(5) 완성된 블록이다.

(6) 블록 부분에서 시작되는 와인딩 순서는 ①→②→③→④→⑤→⑥→⑦
→⑨→⑧ 순이다.

(7) 블록마다 로드의 개수가 정해져 있는 것은 아니지만 영역의 폭에 따
라 로드 개수는 달라진다. 즉 영역에 따라 로드의 폭과 비례하여 ±2
정도 개수는 정해질 수 있다. ⑦의 블록에서 처음 와인딩이 시작된다.
영역 내 맨 윗부분부터 서브섹션을 한다. 서브섹션을 넣기 위해 꼬리
빗을 사용한다. 빗은 빗꼬리 부분과 빗살부분인 몸체 부분으로 나눌
수 있으며, 이 두 부분의 이음새 되는 곳인 축회점(pivotpoint)이다. 오
른손의 인지와 모지로 집듯이 잡아 주고 나머지 중지, 약지, 소지는
인지부분이 잡고 있는 빗꼬리 면을 살짝 받치듯이 갖다 댄다. 서브섹
션은 영역 내 왼쪽 폭에 인지의 손끝면을 갖다 놓고 오른쪽 손은 빗
꼬리를 갖다 대면서 왼쪽인지를 향해 파팅하면서 슬라이스의 폭이
형성된다.

(8) 서브섹션의 파팅된 상태에서 왼손의 인지와
엄지로 빗 꼬리 위에 올려져 있는 모다발(hair
strand)은 모아서 쥐고 빗꼬리 밑에 있는 모다
발은 아래쪽으로 떨어뜨리면서 모다발을 만
든다. 이때 서브섹션된 모다발 아래쪽의 두발
은 빗질할 필요가 없다.

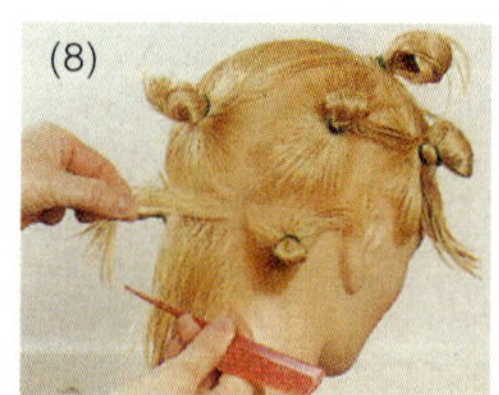

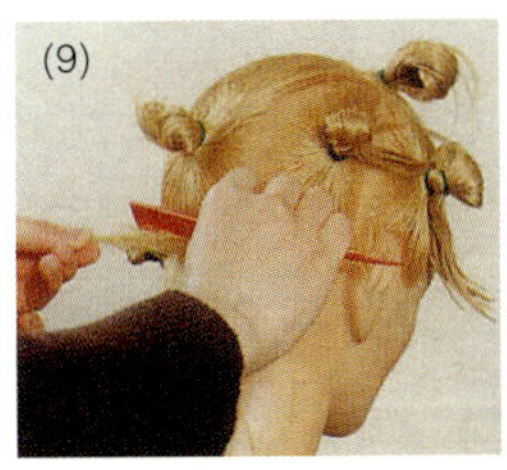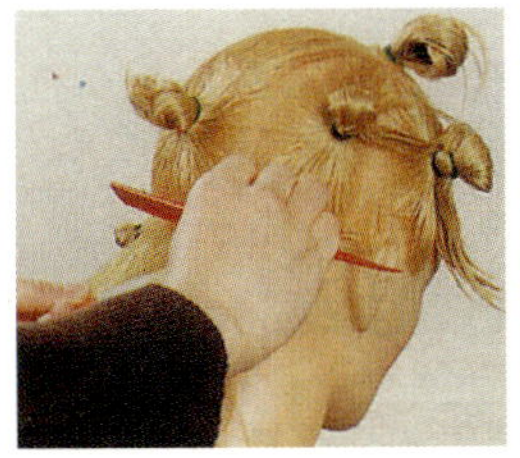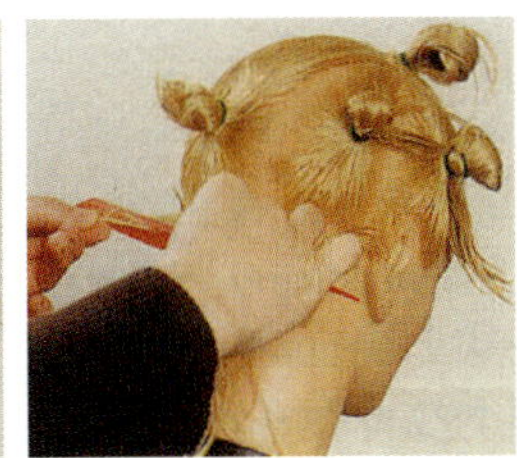

(9) 동작에 의해 왼손에 모다발은 오른손의 꼬리빗에 있는 빗살 끝부분을 두개피의 모근 베이스(baes)에 갖다 댄다. 왼손에 있는 모다발에 의해 스템(stem)의 각도는 정해진다(왼손에 쥔 모다발에 의해 빗살 위로 올려 주거나 내려 주면서 임의의 각도를 만들 수 있다). 베이스인 모근에서부터 빗살 끝을 이용하여 빗질 시 모선에서는 빗을 약간 내 몸 쪽으로 돌린 상태에서 빗질하면 곱게 빗질된다. 왼손의 모다발은 빗질이 끝나는 지점 모간 끝으로 빗이 빠질 때까지 임의로 정해진 각도를 유지해야 한다.

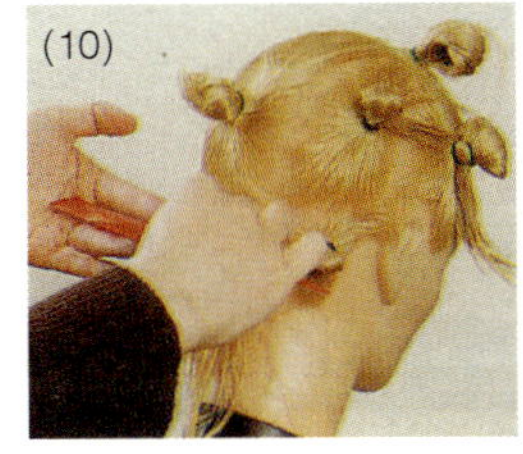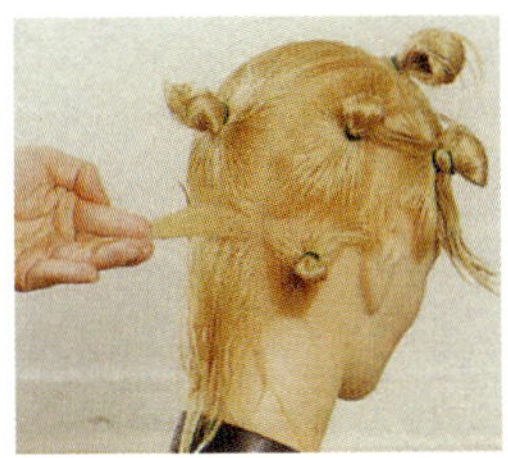

(10) 모간 끝으로 꼬리빗이 빠져나오기 전 2~3cm 정도에서 왼손의 인지와 엄지에 모다발을 놓고 약간 돌려져 있는 빗살에 의해 고정된 모다발 위로 다시 왼손 인지와 중지가 모다발을 고정시킨다. 모다발을 고정시킨 손은 라운딩하듯 약간 오므린 상태이다.

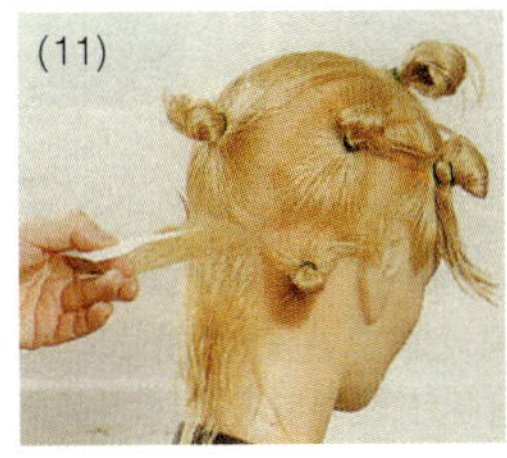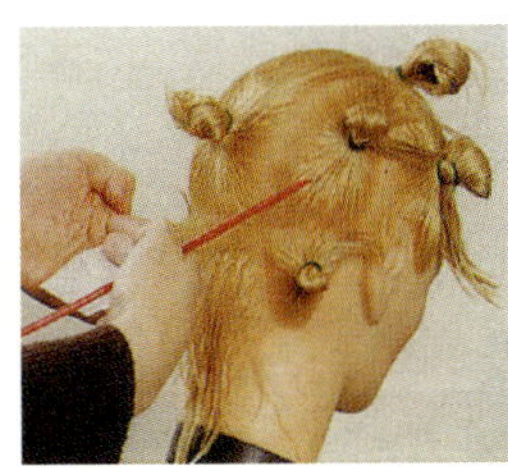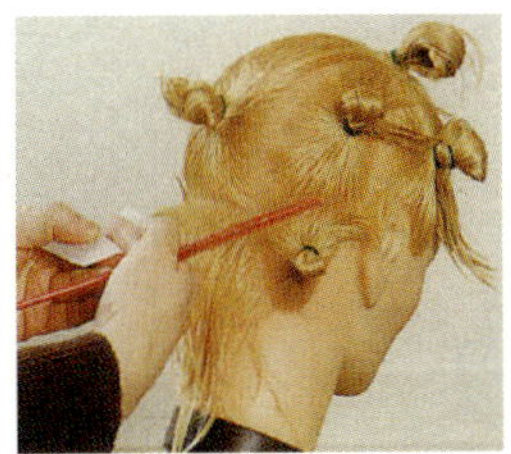

(11) 약간 라운딩된 인지 손가락 옆면 위로 엔드페이퍼는 모근 쪽을 향해
올려지고 엄지를 이용해 엔드페이퍼의 끝 부분을 살짝 고정시킨다.
모근 쪽을 향해 엔드페이퍼가 올 손을 2~3번 옮겨 잡을 때 편리하다.
모간 끝에 엔드페이퍼 1/2 정도 덮여져 있고 왼손의 인지와 중지 사
이에 끼워져 있는 엔드페이퍼와 함께 모간 끝 부분은 손바닥 위에 펼
쳐지면서 약지, 소지가 받친다.

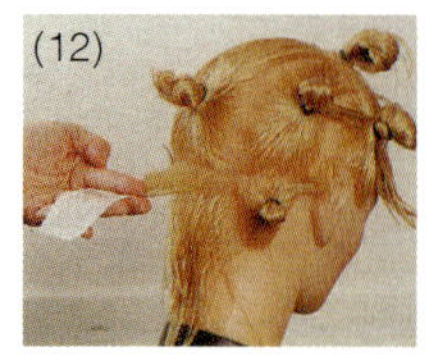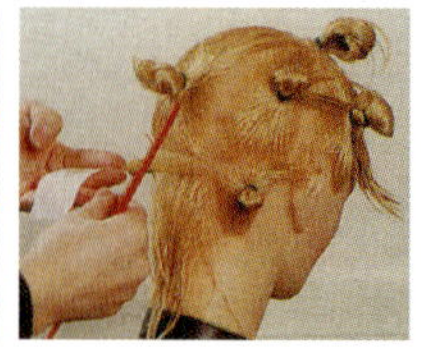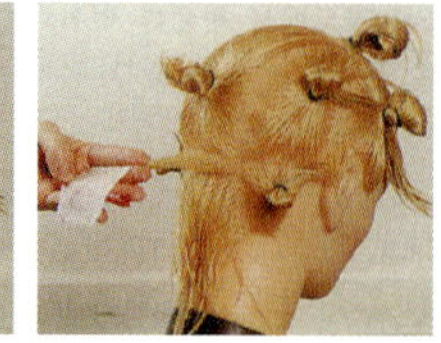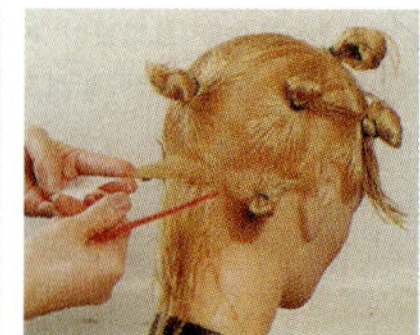

(12) 엔드페이퍼와 소지 사이에 로드를 끼워 넣은 다음 로드를 고정시키
기 위해 왼손의 엄지로 살짝 눌러 준다. 이때 오른손 인지로 엔드페
이퍼의 끝자락을 로드 위로 돌려 컬러의 겉 표면을 한 바퀴 와인딩시
키면 모간의 끝 부분도 함께 감기게 된다. 즉 로드의 플라스틱 재질
과 두발의 천연섬유가 맞부딪치면 천연섬유 쪽이 손상되므로 엔드페
이퍼로 먼저 로드의 겉 표면을 감싸 두발을 보호하면서 모간 끝을 가
지런히 함으로써 와인딩 시 모결처리 또한 매끄럽고 윤택함을 준다.

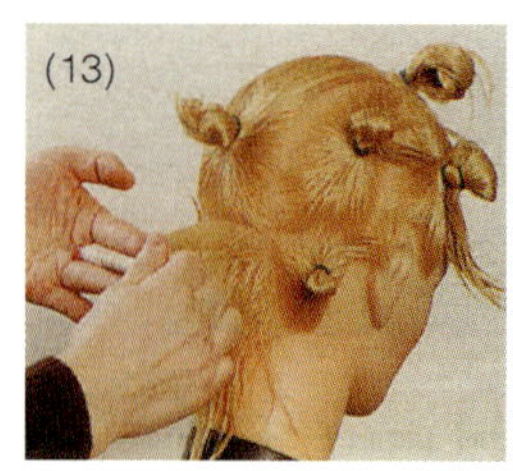

(13) 와인딩 중 왼손의 인지와 중지가 잡고 있는 엔드페이퍼의 끝 부분에
있는 두발을 감기 위해서는 중지를 로드 밑으로 살짝 구부러져 앞쪽
으로 비켜 줘야만 한다. 와인딩 시에는 왼손의 인지와 엄지로는 로드
를 잡고, 오른손의 인지와 엄지를 이용하여 돌려야 한다. 한쪽 손만
으로(오른손) 돌려야만 감는 속도가 빠르다.

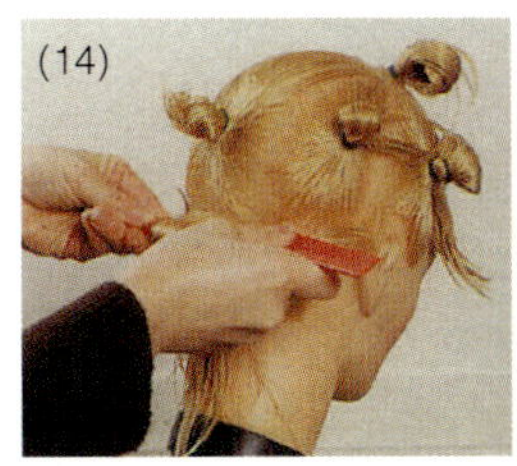 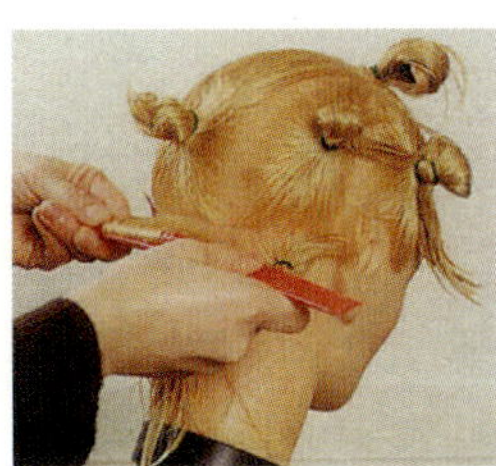

(14) 와인딩 과정에서 결처리를 매끄럽게 하기 위해서 꼬리빗으로 밖으로
    삐져나온 두발을 처리해 준다.

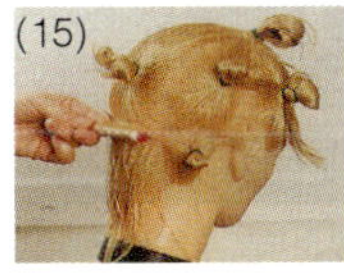 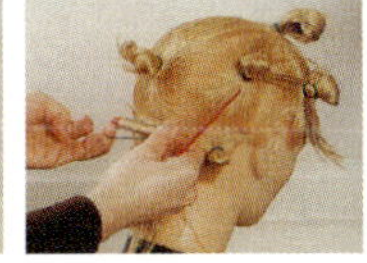 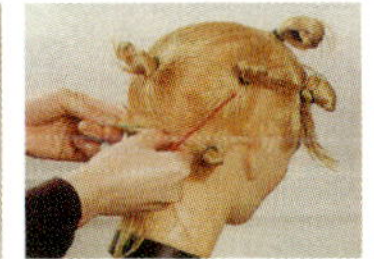  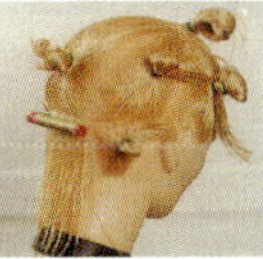

(15) 왼손의 인지가 닿을 정도의 폭인 두개피 가까이에서 정착시키기 위
    해 안착(anchors)되면 와인딩을 멈추고 오른손으로 고무밴드를 쥐어
    서 왼손 중지에 건 다음, 오른쪽 로드의 홈걸이에 고무밴드를 고정시
    키는 동시에 오른손 인지와 엄지로 로드를 잡고 왼손중지에 걸린 고
    무밴드를 왼손인지와 엄지로 받아서 왼쪽 로드의 홈에 **one band**로 모
    다발을 고정시켜 준다.

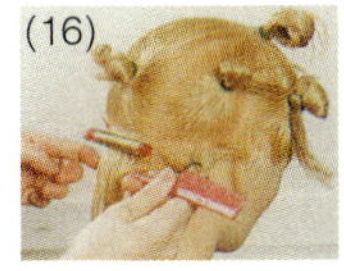 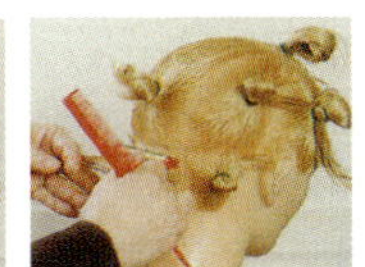 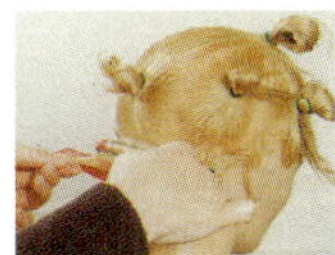  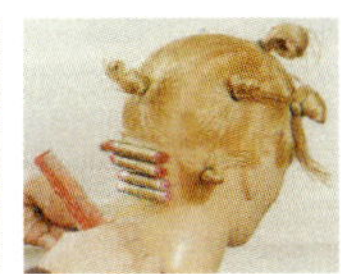

(16) 2번째 서브섹션의 컬 와인딩도 로드의 폭만큼 파팅하여 첫 번째 컬
    와인딩된 부분에 닿을 정도로 각도를 임의로 만들어 와인딩해야 두
    개피의 부분마다 모근의 **90°** 스템을 유지할 수 있다(블록에서는 ㄱ→
    ㄴ→ㄷ→ㄹ 순서로 서브섹션 후 와인딩한다).

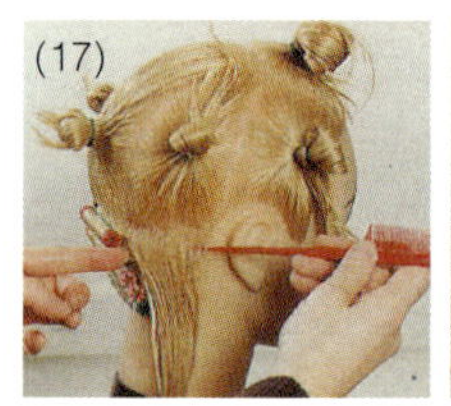 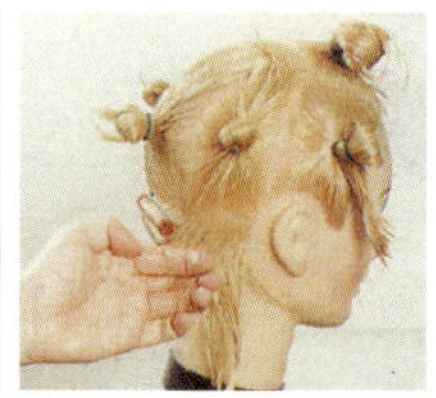  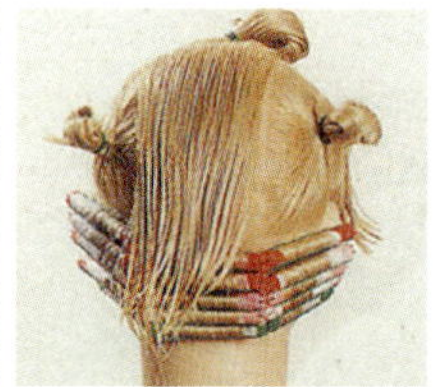

(17) ⑧⑨와 ⑤⑥ 블록은 두개피 자체가 둥그므로 사선으로 슬라이스한
  후에 사선 서브섹션과 대칭적으로 나란하게 와인딩을 해야 한다.

 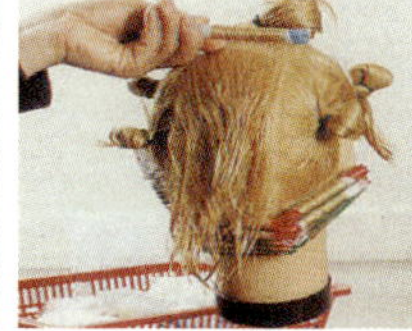 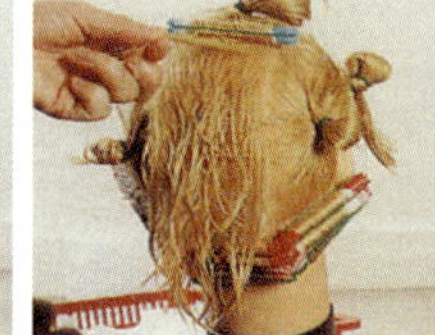 

(18) ④의 블록에서는 T.P이므로 모근이 90°를 유지하기 위해서는 수직으
  로 올려 빗질하여 모양(up shaping)을 잡는다. 와인딩 방법은 앞서 ⑨
  ⑧⑦ 블록에서와 같은 방법으로 와인딩한다.

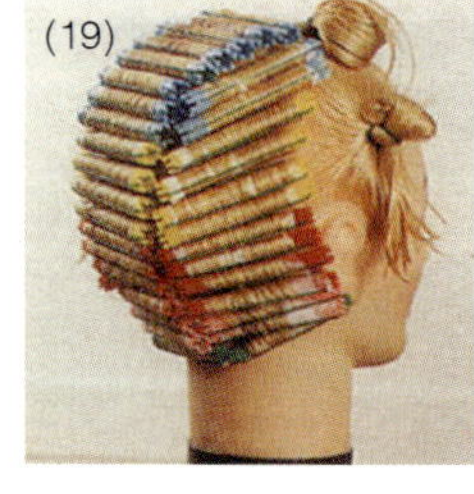  

(19) 측면인 ②③ 블록은 얼굴 쪽보다 후두부 쪽 폭이 크므로 서브섹션을
  넣을 때 후두부 쪽 폭을 약간 넓게 잡아서 슬라이스한다.

2-2 컬리 아이론 펌(Curly iron perm)

스템의 방향이 임의대로 되지 않거나 컬이 자연스럽지 못한 버릇모나 짧은 두발을 펌할 때의 방법이다.

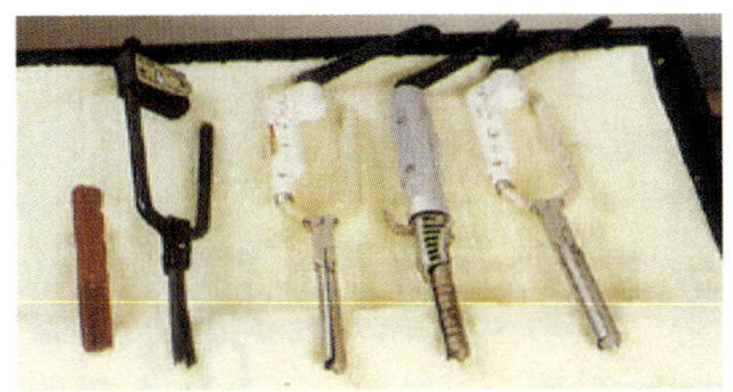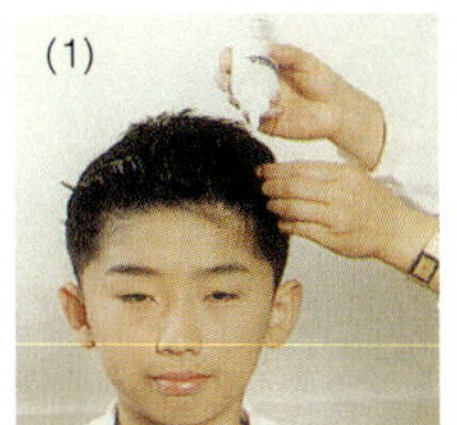

(1) 전문제품인 Iron perm 웨이브로션을 도포한다.

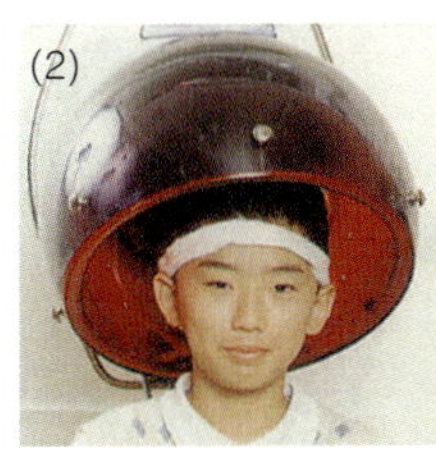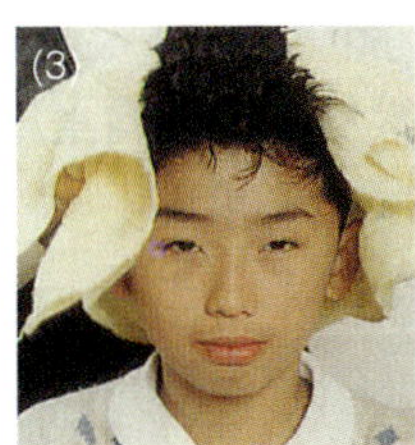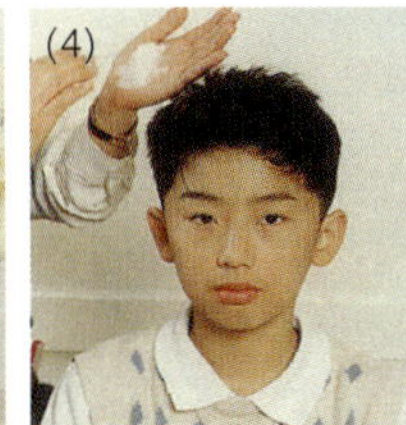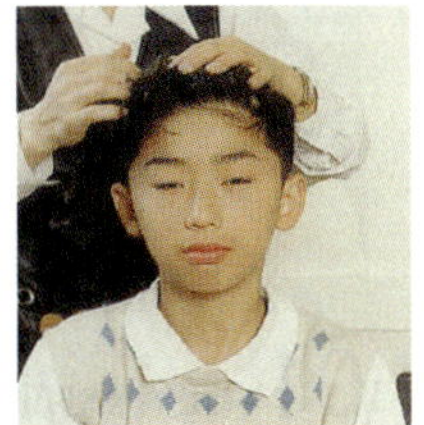

(2) 열처리(10분 정도 연화)

(3) 연화 후에 제1액을 세척(plain shampoo)하여 타월드라이한다.

(4) 열에 의한 두발 손상을 예방하기 위해 컬리 아이론 크림을 전체 두발에 도포한다.

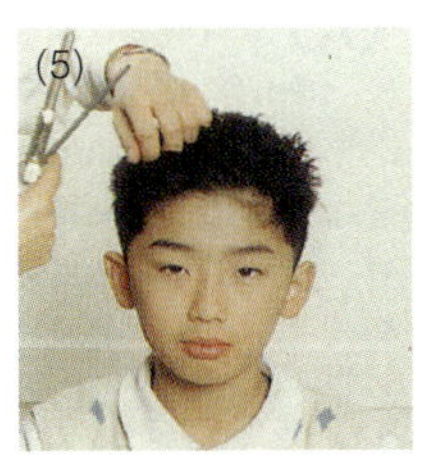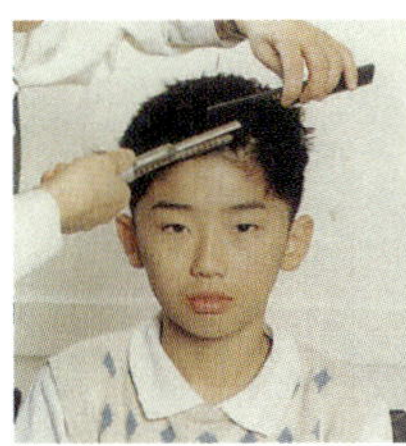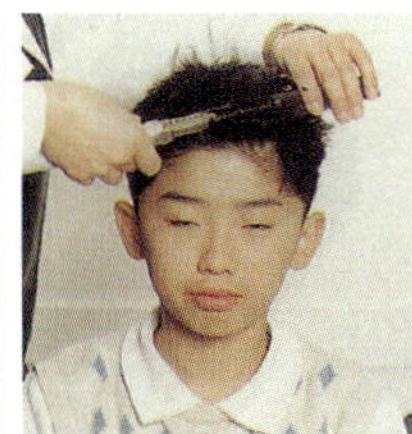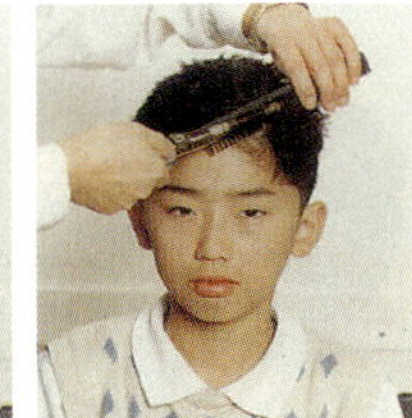

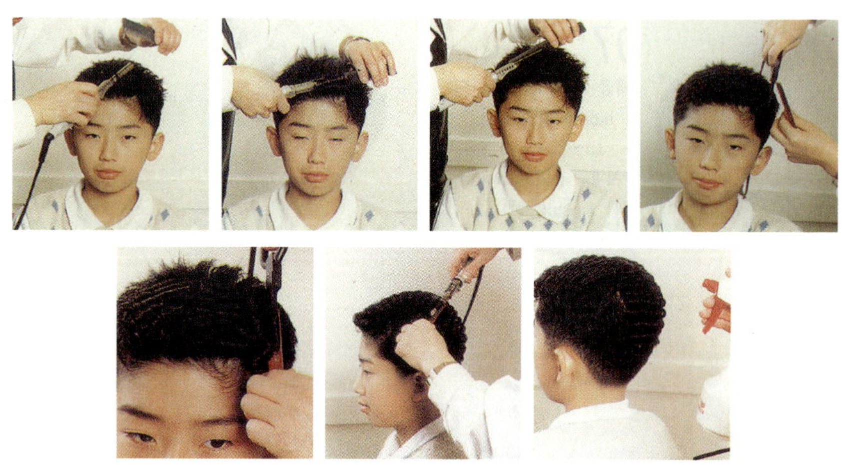

(5) 고객의 얼굴형에 맞는 파팅을 설정한 후에 빗으로 볼륨을 만들고 여기에 컬리 아이론을 이용 7~8초 동안 감은 후 360° 회전시켜 컬을 형성한다. 두발이 마르면 물 분무를 해 가면서 시술한다.

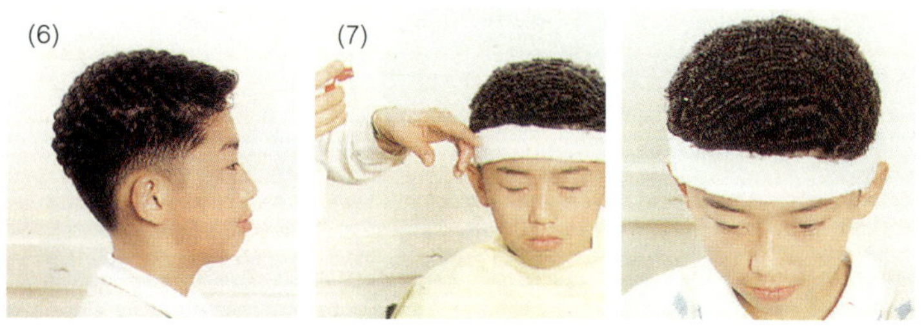

(6) Curly iron에 의해 컬이 형성된 모습

(7) 2액을 컬링된 두발에 분무시킨다. 15~20분 자연 방치 후 산성린스로 처리한다.

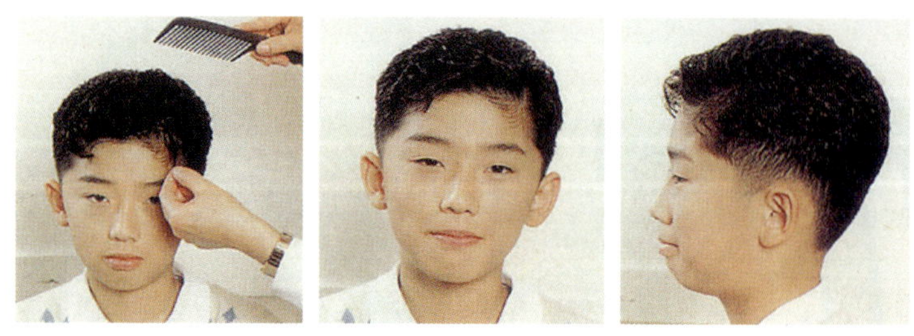

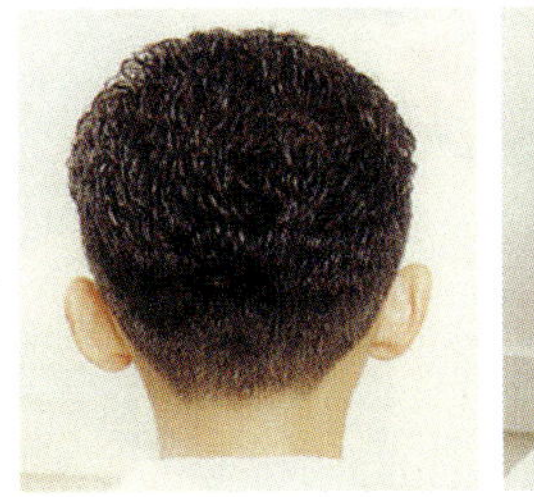 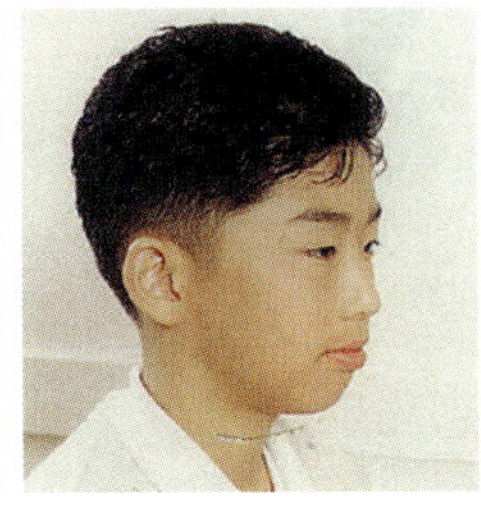

8) 세발 후 리세트된 머리형태(hairdo)

2-3 스트레이턴드 펌(Straightened perm)

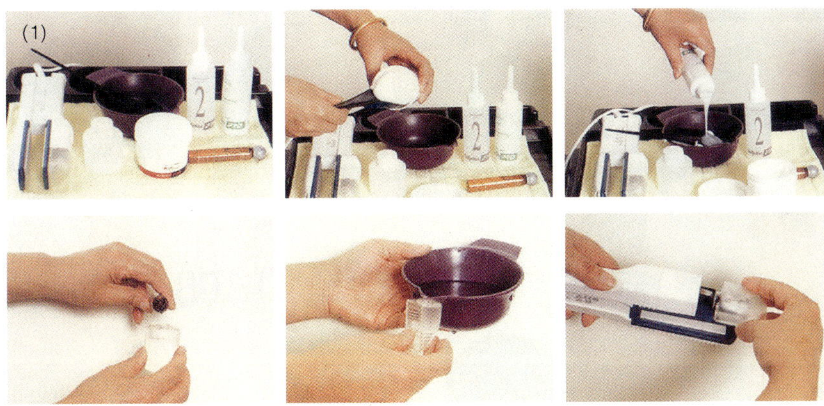

(1) 곱슬두발 전용제품으로서 크림상과 액상의 1액을 1:1로 혼합하여 두
    발에 도포하기 위해 준비하고, 프레싱 기기의 수증기 분출용기에 물
    을 붓고 에센스를 2~3방울 첨가시켜 스위치를 꽂아 놓고 온도를 조절
    한다.

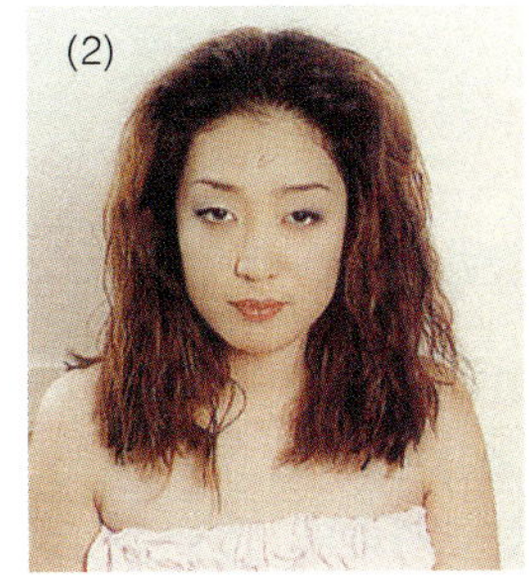  

(2) 전용제품 에센스를 두발 전체에 마사지하듯이 문지르면서 도포한다.

(3) 블록을 설정한 후 서브섹션을 나누고 두발을 빗질한 다음, 크림(1), 액
  상(1)을 혼합시킨 1액을 모다발에 도포하면서 빗질을 많이 해 준다.

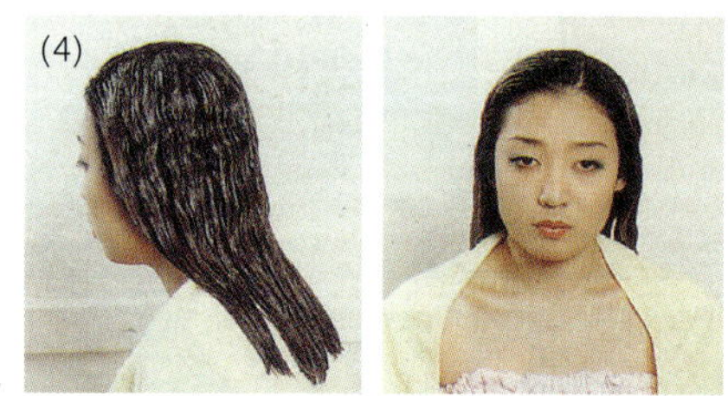

(4) 전체 두발에 도포된 모습. 20~40분 정도 자연 방치 후 plain rinse한다.

(5) plain rinse 후 타월드라이 후 수분이 95% 정도 될 때까지 헤어드라이
  어로 말린다.

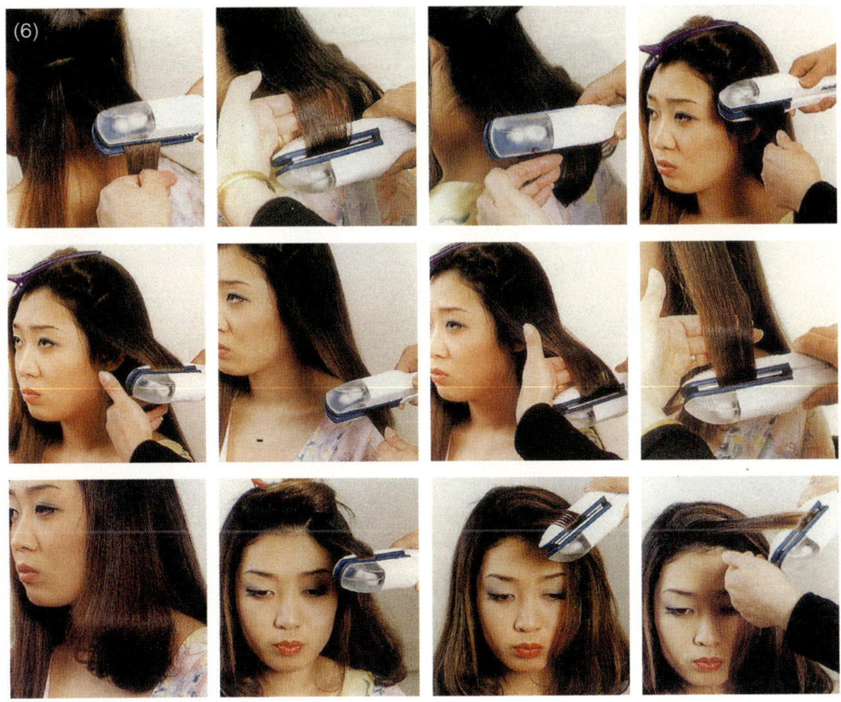

(6) 곱슬두발을 프레싱기를 이용하여 서브섹션한 모다발에 2~3번 반복하여 훑어 내리면 릴렉싱(relaxing)이 되고, 안으로 꺾으면서 말아 넣으면 안 말음형이 된다. 안으로 꺾이는 부분이 펴는 부분에 비해 2배 정도 시간차를 두고 조절한다.

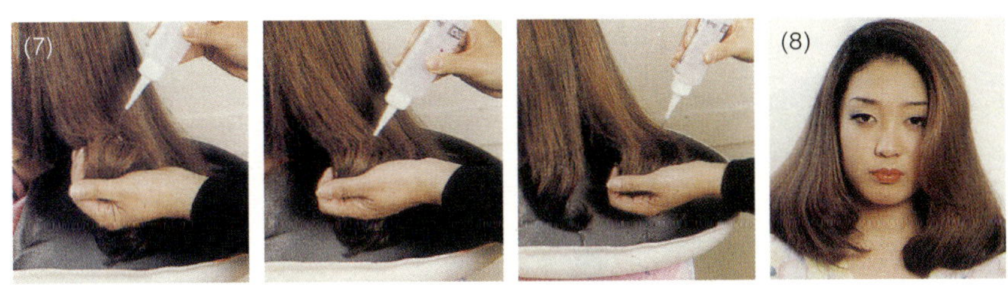

(7) 안 말음된 상태에서 2액 처리한다. 손으로 모양을 만들면서 안으로 꺾이기 시작하는 부분과 모간 끝 부분에 2액을 도포 한다. 15~20분 정도 산화처리 후 산성린스하고 타월드라이 후 찬바람을 이용한 헤어드라이어로 손질한다.

(8) 완성된 hair do.

3. 응용 펌 몰딩 기법(Techniques of applied perm molding)

와인딩의 선택은 펌 양식이 갖는 패턴에서 어떤 블로킹 또는 섹셔닝과 베이스섹션을 사용할 것인가를 결정시킨다. 각각의 패턴에는 각각의 특성을 가지고 있다. 따라서 다양한 혼합 패턴 연출이 가능하다. 모발 조형디자인 법칙에 따라 머리모양에서 형성된 두발 겉표현인 질감은 최종 디자인 방향 (final design direction)이 된다.

3-1 구형 로드몰딩(rectangle rod molding)

두개 전체 정중부위에 주로 형성되는 펌 몰딩으로서 가장 기본적인 방식이다. 주로 베이스 섹션이 직사각형 모양을 띠는 것으로 face line을 기점으로 nape line을 향하거나 두정부를 기점으로 C.P 또는 N.P 쪽으로 향해 아래로 향한다. 구형 몰딩은 10~5개 정도의 블로킹이 구성된다. C.P~N.P까지의 정중면(central rectangle)은 최대 4개의 블록이 형성되며 각각의 측면(profile)에 3개의 블록으로도 나눌 수 있다. 여러 모양의 로드 사용에 따라 와인딩 방법도 다양하게 형성된다. 직사각 베이스섹션은 ① 정중면과 ② 측면에 응용되고 ③ 측정중면은 수평이나 대각 베이스섹션 또는 혼합 베이스섹션으로 나눌 수 있다.

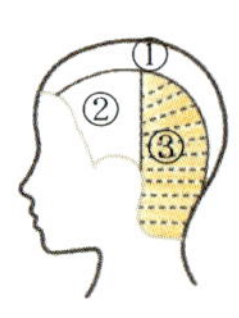

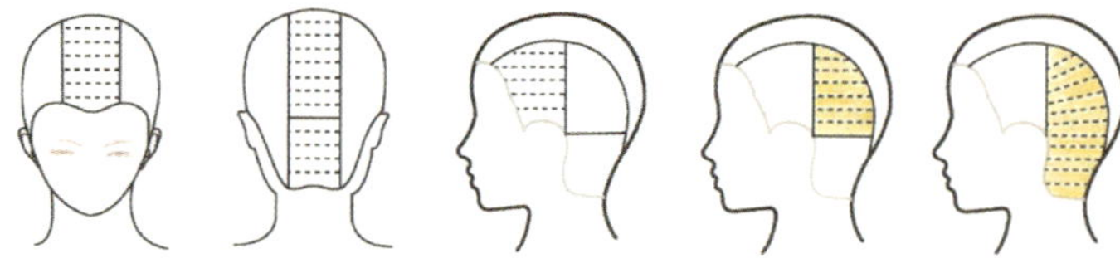

3-2 이중 구형 로드몰딩(double rectangle rod molding)

하나의 모다발에 하나 이상의 질감처리하는 기술로서, 즉 '등에 업다 (piggyback)'라고 한다.

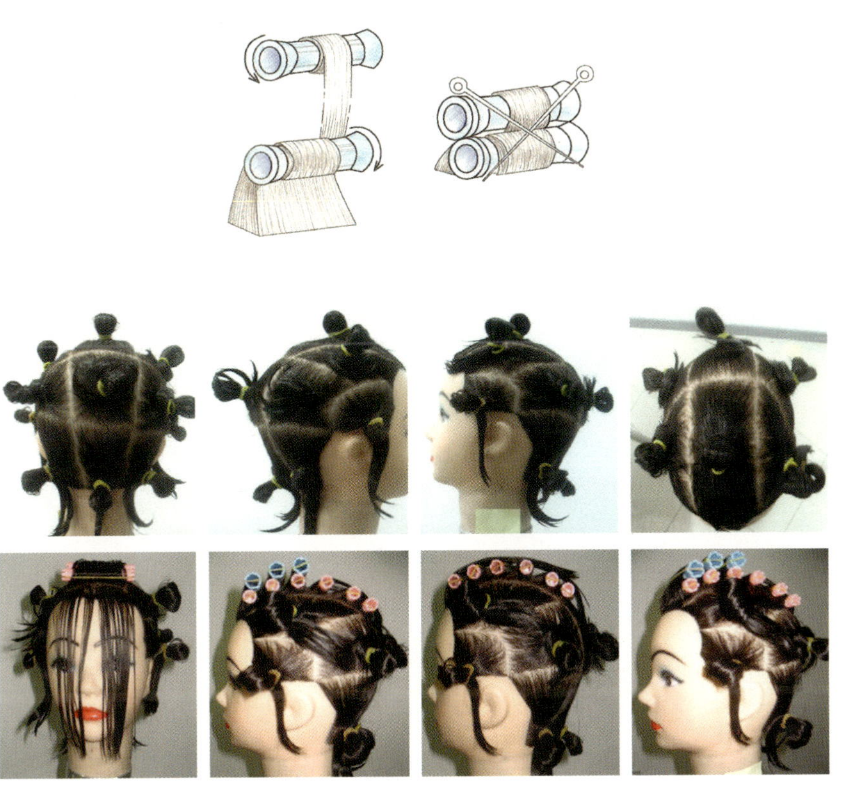

3-2-1 이중 구형 로드몰딩의 응용

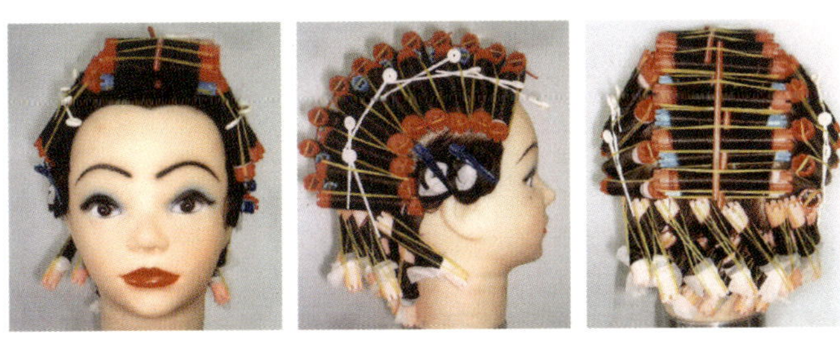

3-2-2 이중 구형 로드몰딩의 응용

3-2-3 이중 구형 로드몰딩의 응용   3-2-4 이중 구형 로드몰딩의 응용

3-3 윤곽형 로드몰딩(contour rod molding)

아래 그림 중 두개 옆면(profile)은 2개의 블록으로 ① 측정중면, ② 측면으로 형성된다. ①은 측정중면으로서 두개골(skull)의 다시작점(multiple points) 윤곽 곡면에 따라 로드 길이 정도로 너비를 정한 곳이다. ② 측면은 측두부로서 ①의 너비 나머지 부분이다. ① 몰딩방식은 정중면은 구형 몰딩 방식에 따르나 측면(profile) 시작점에 따라 융통성을 가진 베이스섹션을 가질 수 있다. 즉 삼각 베이스, 다양한 부등변 베이스, 직사각 베이스섹션 등에 따라 로드 와인딩이 된다. ②의 로드몰딩은 다각선(전대각 or 후대각) 또는 수직 베이스섹션에 의한 질감 방향이 형성된다.

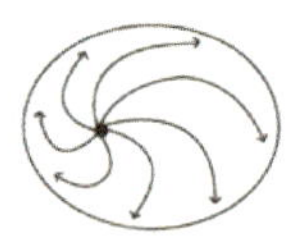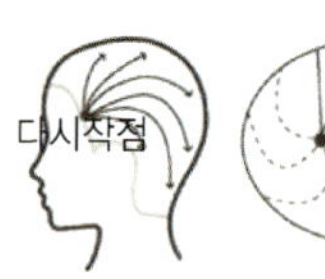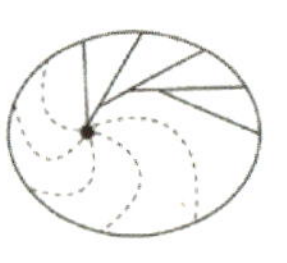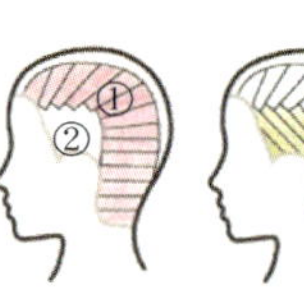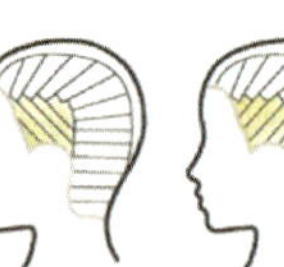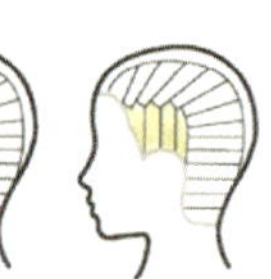

3-3-1 이중 와인딩 윤곽+수직 로드몰딩 응용

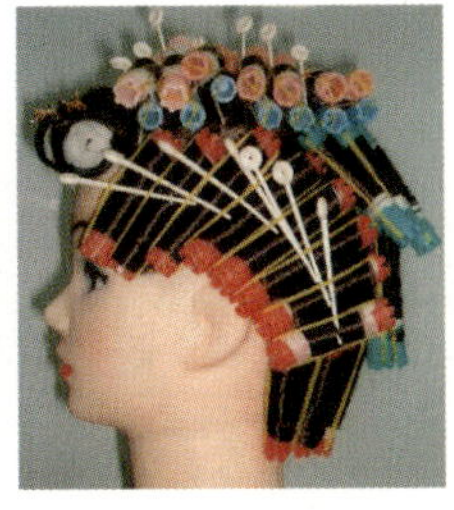

3-4 확장형 로드몰딩(expended circle rod molding)

안두개와의 측면에 따라 커다란 곡선 형태를 갖는다. 얼굴 옆면(측두부)
은 확장원형의 바깥쪽으로서 두개골(skull)의 곡면에 따라 수직, 대각 그리고
수평 베이스섹션이 이용된다.

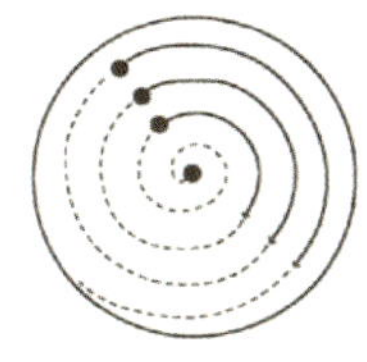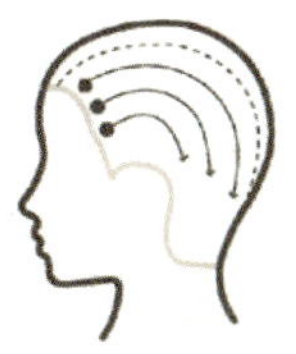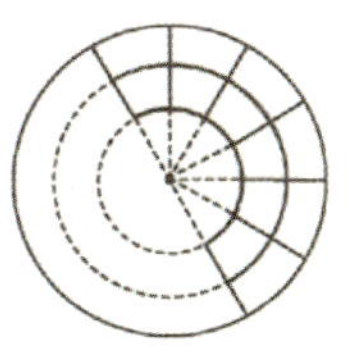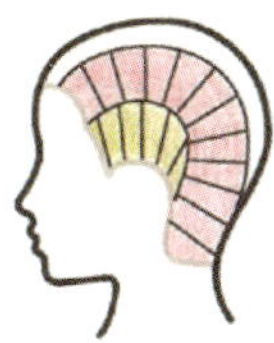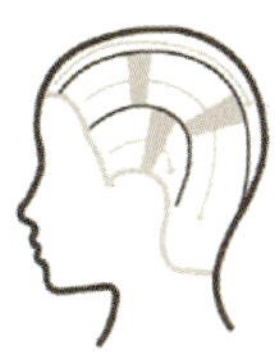

3-4-1 혼합 확장 로드몰딩 응용

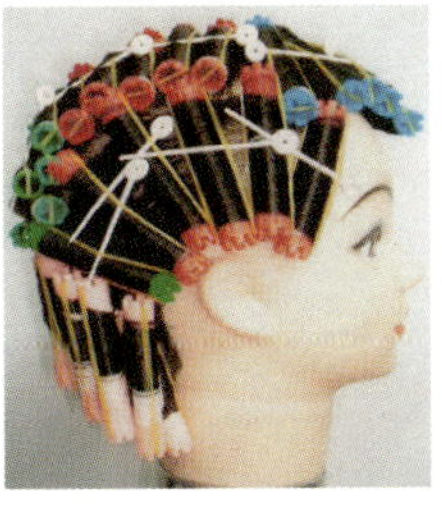

3-5 벽돌형 로드몰딩(brickly rod molding)

베이스섹션에 대한 로드몰딩이 1-2라인 방식이 사용된다. 그럼으로써 지
속적인 컬에 따른 베이스섹션이 자연스럽게 어긋나므로 인해 두개피부에서
의 파팅자국이 생기지 않는다. C.P에서 시작되는 로드 1개를 와인딩 후 이

를 중심으로 로드길이의 ½ 선에서 오른쪽, 왼쪽의 로드를 받치는 식으로 로드 중심영역에 따라 몰딩한다. 와인딩과 몰딩 방법에는 오버랩(overlap method)과 스파이럴(spiral method)이 있다.

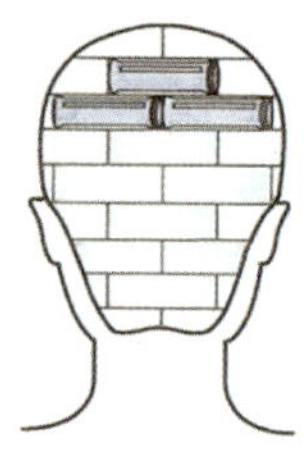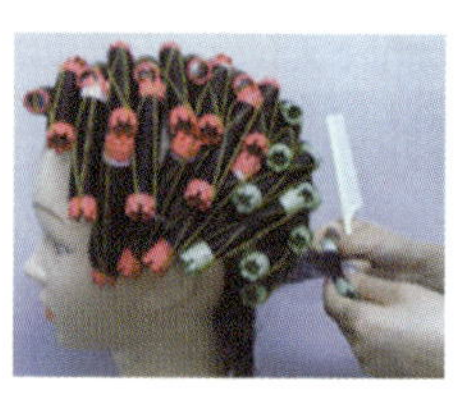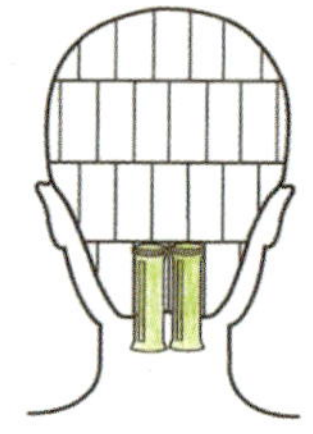

오버랩 방법   스파이럴 방법

3-5-1 벽돌형 로드몰딩(brickly rod molding)

3-5-2 벽돌형 로드몰딩 응용

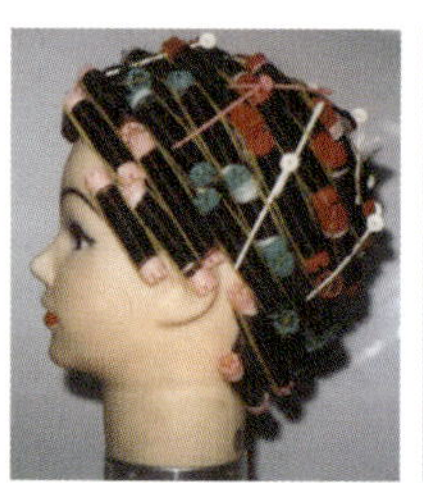

3-6 장방형 로드몰딩(oblong rod molding)

일정한 방향의 C선들로 이루어져 강한 웨이브를 형성시킨다. 장방형 모양에는 두개의 방향이 있다. 첫 번째 방향은 C컬로서 볼록한 끝 쪽으로 움직인다. 두번째 방향은 CC컬로 오목한 끝 쪽으로 움직인다.

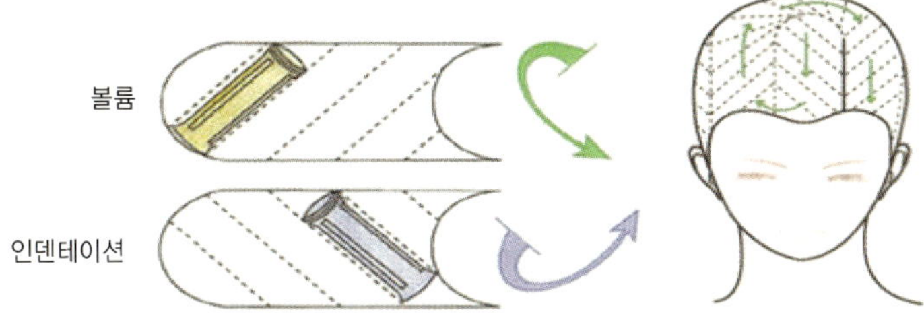

3-6-1 장방형 로드몰딩(oblong rod molding)

3-6-2 혼합 인형 및 장방형 로드몰딩 응용

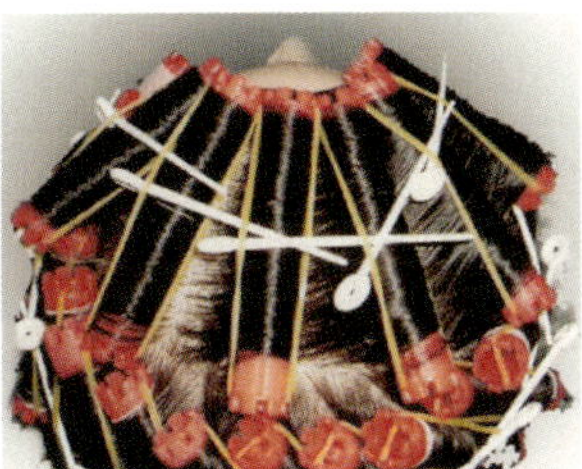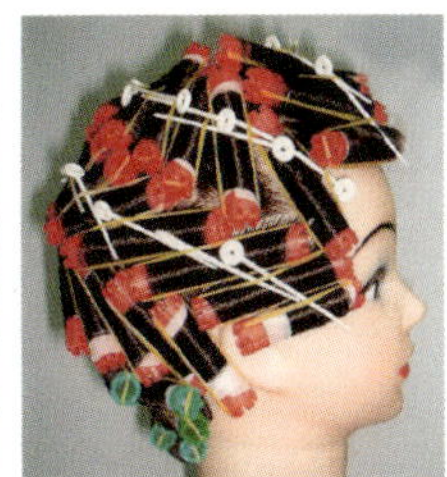

3-7 무게지역 확장 로드몰딩(projection rod molding)

모다발과 모다발 끝의 질감 차이에 따라 베이스섹션 스템은 **up permed**한 상태로 남겨진다. 무게지역을 확장시키거나 모발 표면을 활동성 있게 보이게 하기 위해 응용된다. 반드시 스틱을 이용해야 한다. 즉 두개골에 대한 로드 각도가 설정됨으로써 최종 펌 질감에 대한 균형감이 결정되기 때문이다.

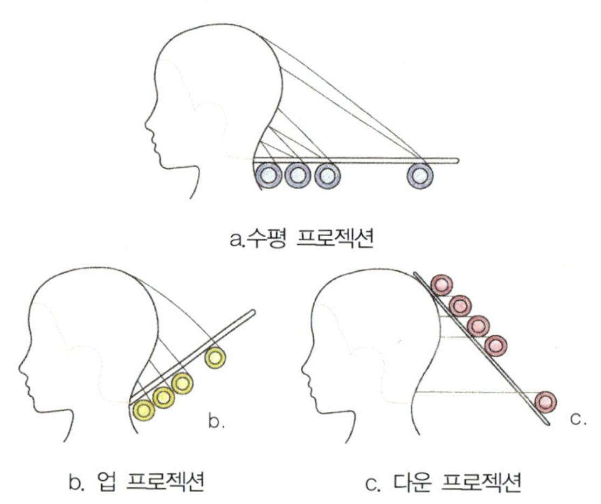

3-7-1 무게지역 확장 로드몰딩(projection rod molding)

3-7-2 무게지역 확장 로드몰딩 응용

3-8 혼합 이중 위빙 로드몰딩 응용

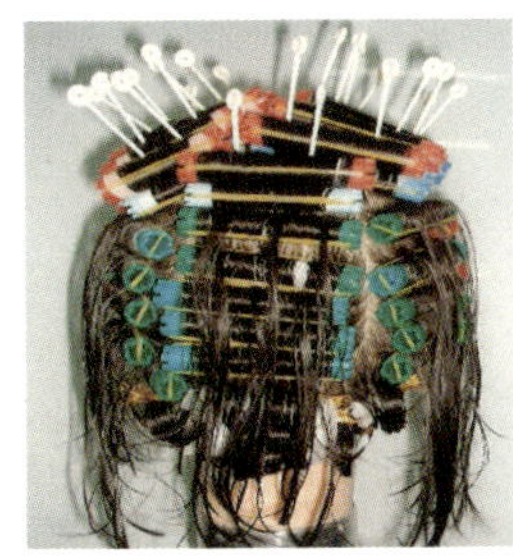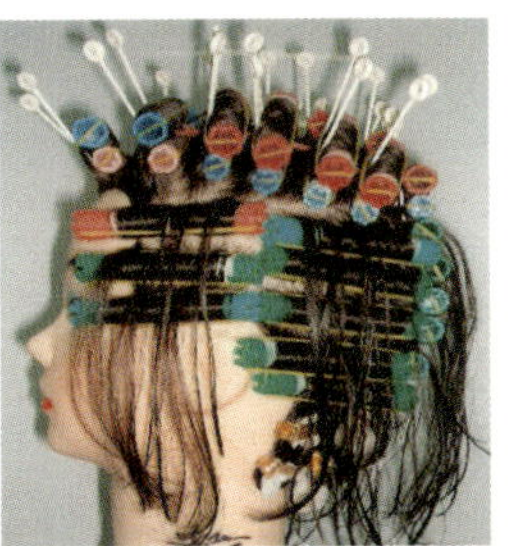

● 요약

1. 펌은 '영구하다'라는 뜻으로서 직모를 '웨이브된' 모발로 하거나 축모를 '펴진' 모발로 함으로써 본래 모발의 형상과 질감을 변화시키는 공정이다. 시술절차를 요구하는 과학적인 몰딩 디자인이 중시된다.

2. 시술과정은 두개피진단에 따른 펌몰딩을 결정하기 위해 두발처치로서 프레샴푸, 타월건조, 프레헤어컷, 용제선정, 로드선정, 와인딩, 비닐캡, 열처리, 프로세싱, 테스트컬, 산린스, 산화제, 로드제거, 헹구기, 리셋 등이 취해진다.

3. 기초시술과정에서는 빗 쥐는 방법에 따른 빗질방법과 엔드페이퍼 적용방법, 고무밴딩을 이용한 핀닝방법, 두발길이나 머리형의 디자인에 따른 로드 선정, 모질에 따른 용제의 선택 등이 제시되었다.

4. 가장 기본적인 펌 몰딩은 구형로드몰딩으로서 두상의 구조와 로드배열이 디자인방향의 절차와 과정에 따른 도식화로 제시하였다.

5. 기초몰딩을 중심으로 두상의 부위와 특징에 따라 응용된 펌 디자인을 절충적으로 활용할 수 있게 하였다. 측정중면을 이용한 확장패턴과 윤곽패턴, 후두정중면에서의 무게지역 확장, 위빙, 프로젝션 측면에서의 수직말기, 수평말기, 핀컬, 두정부의 장방형, 원형, 벽돌형 등의 몰딩과정을 연출할 수 있게 하였다.

● 연습 및 탐구문제

1. 시술과정에서 고려할 점과 펌의 정의에 대해 논하시오.
2. 두발처치에서 프레샴푸와 프레헤어컷에 대해 특징을 설명하고 고객을 대상으로 한 시술유형을 설명하시오.
3. 기초시술의 기본 몰딩인 구형로드몰딩의 패턴(가르마)종류와 베이스조절, 각도, 빗질, 페이퍼사용, 핀닝 등에 대해 설명하시오.
4. 응용펌 디자인의 종류를 나열하고, 기술적 방법을 가장 적절하게 표현되는 두상의 부위에 구체화하시오.

참고문헌 및 참고사이트

류은주 외 4人. 『퍼머넌트 웨이브 및 헤어 컬러링』. 청구문화사. 1995
______. 『HAIR CUT (GUIDE TO CUTTING TECHNIQUE)』. 청구문화사. 1997
______. 『HAIR PERMANENT WAVE (PIN CURL & WAVE)』. 청구문화사. 1999
______ 외 4人. 『HAIR DESIGN AND VISAGISM』. 청구문화사. 2000
______. 『HAIR SCULPTURE & MEN'S CUT HAIR CUT Ⅱ』. 청구문화사. 2001
______. 『모발학(Trichology)』. 광문각. 2002
______ 외 1人. 『PERMANENT HAIR WAVE THEORY』. 이화출판사. 2003
______. 『모발미학사(毛髮美學史)』. 이화출판사. 2003
______ · 윤홍숙. 『기초 퍼머 이론 및 실기』. 이화출판사. 2004
______ · 김종배. 『모발미용학 개론(Outlines of Trichology)』. 이화출판사. 2004
______ · 김종배 · 진태연. 『인체 모발 발생학(Human Scalp Hair Developmental Biology)』. 이화출판사. 2005
______ 외 4人. 『모발미용학의 이해』, 신아사. 2009
______ · 오강수. 『인체모발생리학』, 이화출판사, 2005
______ · 김종배. 『인체모발생태학』, 이화출판사, 2005
______ 외 12人. 『모발학 사전(Trichology Dictionary)』. 광문각. 2003
한국모발학회 편. 『wave. straightened 펌메커니즘』. 이화출판사. 2006
김철중. '퍼머넌트 웨이브제 종류에 따른 모발의 형태학적 및 화학적 변화.' 한남대학교 석사학위 논문, 2004.
진태연. '분할선에 따른 Haircut의 형태학적 연구.' 한서대학교 석사학위 논문. 2006.

Bouillon, Claude. 『The Science Of Hair Care』. New York: Marcel Dekker. 2005.
Caroline Cox. 『GOOD HAIR DAYS』. Quartet Books. 1999.
Chedekel, Miles R. 『Melanin: Its Role in Human Photoprotection』. Washington: Valdenmar Publishing Co. 1995.
Johnson, Dale H. 『Hair and Hair Care』. New York: Marcel Dekker. 1997.
K. Morioka. 『Hair Follicle: Differentiation under the Electron Microscope － An Atlas』. Tokyo: Springer Verlag. 2005.
Halal, John. 『Hair structure and chemistry simplified』. New York: Milady/Thomson Learning. 2002.
Hearle, J. W. S. 『Atlas of fibre fracture and damage to textiles』. U.S.A: CRC Press. 1998.
Ogle, Robert R. et al. 『Atlas of Human Hair: Microscopic Characteristics』. U.S.A: CRC Press. 1998.
Robbins, Clarence R. 『Chemical and Physical Behavior of Human Hair』. New York: Springer Verlag. 2002.
Sposabella. 『Sposabella. No. 56』. Italy: Moda Pelle Bags. 2000.

http://www.gabrielleray.150m.com/ArchivePressText2003/20030308.html
http://www.hairarchives.com/private/victorian1new.htm
http://www.lkwdpl.org/wihohio/walk-mad.htm
http://www.metcalf.ilstu.edu/curric/eighth/8decade/1950smain/clairetaulbee/hairstyles_of_the_1950.htm
http://www.nessler-todtnau.de/#
http://www.osz-koerperpflege.de/Struktur/Historisches/Schulgeschichte/schulgeschichte.html
http://www.sd104.s-cook.k12.il.us/students/tpayne-walker.html
http://www.theladiesparlor.com/hairpage.html

류은주(이학 박사) ──────────────

국가기술자격 정책심의위원회 세무직분야 전문위원
1992, 1996, 2000년 헤어월드 챔피언십 국가대표선수
한국모발학회 회장 역임
현) 한서대학교 피부미용학과 부교수(1991~현재)

오강수(미용예술학 박사) ──────────────

현) 초당대학교 뷰티미용학과 전임교수
    한국미용예술학회 이사
    산업인력관리공단 이용장 실기 검토 위원
    한국미용장협회 이사

**웨이브 ·
스트레이턴드 펌
교육론**

초 판 인 쇄 | 2012년 5월 25일
초 판 발 행 | 2012년 5월 25일

지 은 이 | 류은주 · 오강수
펴 낸 이 | 채종준
펴 낸 곳 | 한국학술정보㈜
주   소 | 경기도 파주시 문발동 파주출판문화정보산업단지 513-5
전   화 | 031) 908-3181(대표)
팩   스 | 031) 908-3189
홈 페 이 지 | http://ebook.kstudy.com
E - m a i l | 출판사업부 publish@kstudy.com
등   록 | 제일산-115호(2000. 6. 19)

ISBN   978-89-268-3357-5 93570 (Paper Book)
          978-89-268-3358-2 98570 (e-Book)